油气资源与勘探技术教育部重点实验室（长江大学）开放基金资助项目（K2018 - 04）

盲源分离及其在大地电磁信号去噪处理中的应用

曹小玲 著

U0285844

黄河水利出版社

·郑 州·

内 容 提 要

本书主要介绍了盲源分离技术的基本理论以及盲源分离技术在大地电磁信号去噪处理中的应用。全书共 6 章，主要内容包括盲源分离数学基础、盲源分离基本理论、大地电磁场信号特征和噪声特征、单一性盲源分离算法在大地电磁信号去噪处理中的应用、联合性盲源分离算法在大地电磁信号去噪处理中的应用等。

本书可作为高等院校地球物理勘探相关专业、信号处理相关专业、应用数学相关专业的师生的参考书籍。

图书在版编目（CIP）数据

盲源分离及其在大地电磁信号去噪处理中的应用/曹小玲著. —郑州:黄河水利出版社,2020.1
ISBN 978 - 7 - 5509 - 2589 - 2

Ⅰ.①盲… Ⅱ.①曹… Ⅲ.①盲信号处理 - 应用 - 大地电磁测深 - 信号传输 - 噪声控制 Ⅳ.①P631.3

中国版本图书馆 CIP 数据核字(2020)第 017741 号

出 版 社:黄河水利出版社   网址:www.yrcp.com
  地址:河南省郑州市顺河路黄委会综合楼 14 层 邮政编码:450003
发行单位:黄河水利出版社
  发行部电话:0371 - 66026940、66020550、66028024、66022620(传真)
  E-mail:hhslcbs@ 126. com
承印单位:虎彩印艺股份有限公司
开本:890 mm × 1 240 mm 1/32
印张:2.75
字数:82 千字
版次:2020 年 1 月第 1 版   印次:2020 年 1 月第 1 次印刷
定价:20.00 元

前　言

在我国,大地电磁测深法一直受到地球物理勘探工作者的重视,尤其是在从国外引进一批先进的勘探仪器设备之后,伴随着大地电磁测深法的勘探效果和精度的提高,该方法越来越为世人所瞩目,并且获得了地球物理学界的一致公认,成为深部地球物理探测的一种重要的技术方法和手段。然而在测量电场和磁场分量的过程中,各种干扰的存在,常会使得实际测量数据含有各种噪声,而这些噪声直接影响到视电阻率和相位的计算,以及其后的正反演工作。因此,研究如何对大地电磁信号进行去噪处理一直是一项非常重要的工作。

盲源分离,是指在观测者仅仅知道混叠的观测信号,且无法精确获取观测信号的理论模型和源信号的情况下,从观测信号中分离出各个源信号的过程。这里的“盲”的含义是指“源信号不可测”和“混合系统特性事先未知”这两个方面。盲源分离作为计算智能学的核心研究内容,是20世纪后期迅速发展起来的一个崭新的研究领域,因为它具有坚实的理论基础和巨大的应用潜力,因而在许多领域里得到应用,本书主要探讨它在大地电磁信号去噪处理中的应用。

本书共有6章,主要围绕盲源分离基本理论,以及盲源分离技术在大地电磁信号去噪处理中的应用展开讨论,各章具体内容如下:第1章主要介绍了盲源分离在地球物理信号处理中的发展现状;第2章主要介绍了盲源分离理论的数学基础,包括随机变量独立性、中心极限定理,以及高阶统计量等;第3章主要介绍了盲源分离的模型和基本方法,以及盲源分离经典算法;第4章主要介绍了大地电磁场信号特征和噪声特征;第5章主要介绍了单一性盲源分离算法在大地电磁信号去噪处理中的应用,包括FastICA算法和JADE算法的介绍、FastICA算法和JADE算法对大地电磁信号去噪的性能比较、实际大地电磁信号盲源分离去噪等;第6章主要介绍了联合性盲源分离算法在大地电磁信号去噪处理中的应用,包括基于边际谱的盲源分离在大地电磁信号去噪中的应用和基于 DWT – EEMD 的盲源分离在大地电磁信号工频干扰去噪中的应用。

　　本书获得了油气资源与勘探技术教育部重点实验室(长江大学)开放基金资助项目(项目编号:K2018 – 04)提供的资助和支持,在此表示衷心的感谢! 此外,在本书的撰写过程中参考了大量的国内外书籍、学术论文和网络资料,吸取了许多专家和学者的宝贵经验,在此谨向相关作者表示深切的谢意!

　　限于作者水平有限,书中难免存在疏漏和不妥之处,恳请读者给予批评指正。

作 者
2019 年 10 月

目　录

第 1 章 绪 论

大地电磁测深法(magnetotelluric sounding,简称 MT)以天然的平面电磁波作为场源,以观测相互正交的电磁场分量为观测方式,以探测地下不同深度介质的导电性结构为目的[1]。它通过对获得的观测信号数据进行一系列的处理以获得地下介质的视电阻率及相位等信息,为之后的正反演处理和地质解释提供良好的数据支持。大地电磁测深法具有诸多优点,例如方法简便易学,探测深度较大,勘探成本低廉,不需要人工电源,水平方向分辨能力较高,受地形影响较小等[2],因而一直以来都深受广大地球物理工作者的喜爱,并取得了长足的发展和进步[3-6]。

然而在测量电场和磁场分量的过程中,由于人类的各种活动产生的电磁信号的干扰、各种地质因素的干扰、仪器设备用电系统等产生的电磁波干扰,以及其他外界因素和观测系统所造成的干扰等[7],常会使得实际测量数据含有各种噪声,这些噪声直接影响到视电阻率和相位的计算,使得到的结果与真实结果产生极大误差,并会导致一系列的后续的正反演工作的不正确性。因此,研究如何对大地电磁信号进行去噪处理是非常必要的工作。

1.1 研究背景及意义

研究如何对大地电磁信号进行去噪处理一直是地球物理工作者关心的问题,为此,地球物理研究者们提出了一系列的技术方法[8-12]。

传统的对大地电磁信号数据进行处理的方式依赖于傅里叶变换,并离不开功率谱估计。而傅里叶变换本身有许多弊端,例如它不能进行局部分析,不能进行时域、频域的同时分析等。近年来,有学者已经证明大地电磁信号具有非平稳性、非线性和非最小相位特性[13-14],由此诞生了许多新的针对大地电磁信号的去噪方法,小波去噪法即是这些去噪方法中较有影响的一种。由于小波分析能将由不同频率组成的混合信号分解成依据频率进行分类的小单元信号,因而能有效地应用于包含大地电磁信号在内的各种信号的去噪处理之中[15]。近年来,已有许多专家学者将小波分析应用于大地电磁信号的去噪处理之中,并取得了较好的效果。何兰芳[16]提出应用小波分析得到一个或多个以固定源噪声为主的时间序列块,并对噪声比较集中的时间序列块应用小波变换法进行压制,再重建时间序列,通过与未做这种处理的时间序列的谱分析结果对比后发现,这种处理方法明显提高了信噪比。Trad D O 和 Travassos J M[17]提出运用小波阈值去噪法对大地电磁信号进行滤波去噪,以便在保留质量较好的数据的同时去除质量较差的数据,并通过对同时存在气象活动干扰和电力线分布干扰的真实 MT 数据进行实际去噪处理后分析得出该方法取得了较好的去噪效果。胡玉平[18]针对低频 MT 数据质量较差的现状,提出从 MT 时间序列数据出发应用小波变换方法,将干扰信号采用人机对话方式进行一系列的处理,再按常规处理方法计算功率谱,以达到提高信噪比的目的。严家斌[19]提出利用小波变换的聚焦特性及各种脉冲类噪声在小波域中模极大值的变化等特点,利用时域频域中的极大值线搜索奇异点的位置,然后采用预测技术改正奇异点处的观测值来消除脉冲类噪声。范翠松[20]对江西九瑞地区含方波噪声的 MT 原始数据进行了分析,先找出其噪声源,然后利用小波变换的方法对低频干扰进行重组并加以消除,再按照常规的处理方法求取功率谱,以达到提高信噪比的目的。蔡剑华[21]针对 MT 数据中日益严重的工频干扰噪声现象,提出了从频率域着手应用小波阈值去噪方法,对 MT 信号中的工频干扰噪声进行相应的去噪处理。同年,蔡剑华[22]针对在应用小波阈值去噪法对大地电磁信号进行处理过程中阈值函数和阈值选取不足的问题,对阈值函数进行了改进,提出了基于小波变换多分辨率分析 Stein 无偏风险估计(SURE)的自适应获得最优阈值的去噪方法。曹小玲[23]认为既然大地电磁信号是一种具有非平稳性、非线性和非最小相位特性的信号,那么随着各类噪声的产生,大地电磁信号中可能会存在很多变化剧烈的点(奇异点),

而小波变换具有局部化特性,往往会使得小波去噪在这些奇异点处形成振荡及伪吉布斯现象,从而降低了小波变换的去噪效果,因而提出将改进阈值的 TI 小波去噪法应用在大地电磁信号去噪中。在对实测大地电磁数据进行去噪处理后的结果显示,该去噪方法使信号数据的突变现象得到有效的控制和减少,并使时间序列、视电阻率曲线和相位曲线的质量都有了明显的改善,因而具有较好的去噪效果。

然而,作者在研究过程中发现小波变换去噪也存在不尽如人意的地方,比如它对小波分解层数及小波基的选择有特定的要求,往往需要经过多次试验才能确定它们的取值,而且小波变换去噪对高信噪比信号的去噪能力较好,对低信噪比信号的去噪能力则较为逊色,而盲源分离技术对低信噪比信号的去噪能力较好,为此,本书考虑将盲源分离技术应用到大地电磁信号的去噪处理之中。

盲源分离[24]是指仅从若干观测到的混合信号中提取、恢复(分离)出无法直接观测的各个原始信号的过程。它事先不需要知道源信号的相关信息,也不需要知道混合系统的相关特性。也就是说,盲源分离具有的一个非常好的特点是:它不需要知道信号的先验知识,即它只要通过观测已知信号就能推理甚至恢复出原始信号[25]。这个特点对于地球物理勘探来说具有非常重大的意义,因为在地球物理勘探中想要获得先验知识一般来说是非常困难的,或者成本非常高[25]。尤其是在进行野外勘探地形复杂、地质结构参差不齐时,对于勘探信号的先验知识的获取更是难上加难。为此,引入盲源分离技术无疑可以避开这一环节,只需要我们在获得的观测信号上面做文章即可。

盲源分离中的独立分量分析方法是盲源分离中的经典方法。近年来,它被提出并被广泛应用于图像处理、生物医学信号处理、语音信号处理、地震勘探等方面,尤其是它在这些领域的信号去噪中表现优异。独立分量分析方法对源信号的统计性质要求为非依赖性、非高斯性、非白性,根据资料显示大地电磁信号是符合这些要求的[25]。因此,使用独立分量分析技术对大地电磁勘探中观测到的信号的各种信息成分进行分析和提取,尤其是对噪声成分进行分析和提取,符合实际工作的特点和需要。独立分量分析处理的对象是一组在统计意义上相互独立的源信号经混合而成的综合信号，并最终提取出各个独立的源信号分量。就大地电磁噪声干扰这一问题，目标信号和噪声干扰信号分别由不同的信源产生，因此彼此相互独立。由统计原理，相互独立的随机变量必然不相关，但反过来却不一定成立。独立分量分析方法是在统计独立意义下对混合信号进行分离以消除噪声，而其他的传统去噪方法是在不相关性度量意义下消除噪声，根据统计学原理中独立性和不相关性的关系可以知道，独立分量分析方法比其他的传统去噪方法的处理效果更好。正是基于此，在本书中，我们主要采用的盲源分离方法为独立分量分析方法。

1.2　盲源分离在地球物理信号处理中的发展现状

盲源分离，是指在观测者仅仅知道混叠的观测信号，且无法精确获取观测信号的理论模型和源信号的情况下，从观测信号中分离出各个源信号的过程。这里的"盲"的含义是指"源信号不可测"和"混合系统特性事先未知"这两个方面。盲源分离作为计算智能学的核心研究内容，是 20 世纪后期迅速发展起来的一个崭新的研究领域。因为它具有坚实的理论基础和巨大的应用潜力，因而在许多领域里得到应用。盲源分离的方法原理可用如图 1-1 所示的数学模型来描述。

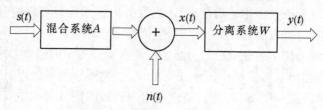

图 1-1　盲源分离的数学模型

图 1-1 数学模型中 $s(t) = [s_1(t), \cdots, s_n(t)]^T$ 是 n 维未知源信号向量，A 为未知混合系统，$x(t) = [x_1(t), \cdots, x_m(t)]^T$ 是 m 维的观测信号矢量，它们均是源信号矢量的组合，并受到噪声矢量 $n(t) = [n_1(t),$

$\cdots, n_m(t)]^T$ 的干扰。盲源分离的目的就是在源信号 $s(t)$ 和混合系统 A 均未知的情况下，仅由观测数据向量 $x(t)$ 通过调整分离系统 W，使得输出 $y(t)$ 是源信号 $s(t)$ 的估计，即 $y(t) = W(x(t)) \cong s(t)$。

1.2.1 独立分量分析方法

独立分量分析[26·27]（independent component analysis，ICA）是盲源分离技术中应用最广泛的技术之一。它首先是由 Comon 提出的，随后其应用扩展到语音信号处理、图像处理、模式识别、通信以及地球物理数据处理等方面。ICA 的基本思想是将观测信号按照统计独立的原则，通过优化算法分解出若干独立分量，而这些独立分量是源信号的一种近似估计。若已知信号（观测信号）中的有效信号和干扰信号在统计上相互独立，且服从非高斯分布，那么就可以利用 ICA 的思想方法将已知信号（观测信号）进行处理，分离出有效信号，从而达到去噪的目的。

上海交通大学的孔薇等[28]在 2004 年提出应用 ICA 方法对声音信号进行特征提取，通过阈值化的去噪方法对含有强高斯背景噪声的声音信号进行去噪，为强背景噪声下弱信号的检测提供了新的途径。西南石油大学的吕文彪等[29]在 2007 年提出利用独立分量分析法去除地震噪声，通过对地震理论模型和实际资料的试验，说明改进的 ICA 算法能够有效地分离出地震资料中的有效信号，从而实现利用 ICA 压制地震资料噪声的目的。复旦大学的程娇[30]2010 年在其硕士学位论文中将小波去噪法和 ICA 去噪法进行了对比研究，指出 ICA 去噪效果要优于小波去噪效果。成都理工大学的王顾希等[31]2015 年提出将地震信号变换到小波域中，并利用 ICA 技术进行盲源分离去噪，试验结果表明该方法得到的去噪效果较时间域内直接去噪效果好。上述研究表明，盲源分离中的 ICA 方法具有较好的去噪效果。

在重磁电信号干扰噪声压制和分离方面，也有一些专家和学者进行了 ICA 的应用研究。北京师范大学的刘祥平和王建明[32]在 2011 年提出一种可确定去噪后的信号幅值的 ICA 去噪方法，用于消除瞬变电磁信号中的工频干扰噪声，实验结果表明，该方法在消除工频干扰的同时,能很好地保留原始信号的波形和特征,去噪效果明显优于陷波滤波方法,而且在较低信噪比下仍可有效地提取信号。中国地质大学的张念[33]2013年在其博士学位论文中运用ICA技术中的EFICA算法,在四种不同的背景场及随机噪声条件下实现了重磁数据的去噪和弱信号的提取,结果表明相对于传统位场处理方法,ICA技术在提取弱信号方面有一定的优势。吉林大学的万云霞[34]2013年在其博士学位论文中针对电磁数据的噪声干扰问题,提出采用ICA技术中的FastICA算法对采集数据进行处理,通过对仿真数据模型和实测数据进行去噪处理,发现处理后数据的信噪比有明显改善。成都理工大学的刘家富[35]2015年在其硕士学位论文中在总结分析瞬变电磁信号的特点和噪声来源的基础上,提出将小波分析和ICA方法引入到瞬变电磁信号的提取中,通过实验对比研究,发现ICA技术中的FastICA算法比小波去噪算法在去噪性能上更加稳健,适合处理强噪声信号。以上的研究说明,将盲源分离中的ICA方法应用在重磁电信号干扰噪声压制和分离中是可行的,它不仅能在消除某种干扰噪声(如工频干扰噪声、随机噪声等)的同时很好地保留原始信号的波形和特征,而且去噪效果明显优于小波去噪算法和陷波滤波方法,并且在较低信噪比下仍可有效地提取信号,即适合处理强噪声信号。

1.2.2　非独立分量分析方法

根据所研究的盲源分离问题的不同,除独立性外,还可以对源信号各种假设或者添加各种先验知识,从而得到不同的盲源分离方法。目前,除独立分量分析方法外,已有的盲源分离方法主要包括因子分析方法、主分量分析方法、稀疏分量分析方法、卷积盲源分离方法等。

非独立分量分析方法在地球物理信号处理中也常被应用到,如中国石油大学(华东)的贺剑波等[36]2013年提出基于地震资料信号与噪声的方向差异性,根据主分量分析自适应滤波器原理,利用主分量找出信号主方向,并沿该方向滤波,可以有效保留信号有效成分,自动检测信号边界及其连续性。中国地质大学的左博新等[37]2014年提出一种新的盲信源分离的地球物理弱异常提取算法,克服了常规地球物理空间滤波算法对于弱异常体信号无法有效提取的问题,可以在保持强异常体边界信息的同时,有效地提取弱异常体的边界,该方法即使用非独立分量分析方法恢复有效模型信号。电子信息系统复杂电磁环境效应国家重点实验室的王川川等[38] 2018 年分别采用基于自然梯度的盲源分离算法和基于等变自适应分解的盲源分离方法(均为非独立分量分析方法)进行混叠电磁信号分离,提出直接根据观测信号个数设置初始化分离矩阵维数,然后分离得到与观测信号数目相同的分离信号,再通过分离信号的相关性检测,即实现了源信号的分离,避免了事先估计源信号个数的工作,并通过仿真实验验证了方法的可行性。

　　由于盲源分离中的非独立分量分析方法不需要在统计独立意义下对混合信号进行分离,也没有对源信号的统计独立的性质要求,因而适用范围比独立分量分析技术更加广泛,因此也可应用于地球物理信号的噪声压制与分离。

　　注:由于独立分量分析(ICA)方法作为一种盲源分离方法,已经成为当今分离信号和提取有用信息的主流方法,并已得到广泛应用和持续深入的研究,故本书主要探讨这种盲源分离方法在大地电磁信号去噪处理中的应用。

第 2 章　盲源分离数学基础

　　盲源分离涉及概率论与数理统计、多元统计分析、随机过程和信息论的相关理论,需要的数学基础较多,这里对随机变量独立性、中心极限定理以及高阶统计量这几个重要理论的数学原理做简略介绍。

2.1　随机变量独立性和中心极限定理

2.1.1　随机变量独立性

　　概率论与数理统计[39]是对随机现象统计规律演绎的研究,随机现象的普遍性使得其具有极其广泛的应用,特别是在科学技术、工农业生产等方面。独立性是概率论与数理统计中最基本的概念之一,无论是在理论研究还是在实际应用中都具有特别重要的意义。概率论与数理统计已有的成果很多都是在某种独立性的前提下得到的,随机变量独立性的研究因而倍受重视。

　　下面我们来阐述随机变量独立性的定义。

　　定义:设 X、Y 为两个随机变量,若对于任意的实数 x、y,有

$$P\{X \leqslant x, Y \leqslant y\} = P\{X \leqslant x\} \cdot P\{Y \leqslant y\} \tag{2-1}$$

则称 X 与 Y 相互独立。

　　若 $F(x, y)$ 为 X 与 Y 的联合分布函数,$F_X(x)$、$F_Y(y)$ 分别是 X 与 Y 的边缘分布函数,则式(2-1)等价于 $F(x, y) = F_X(x) \cdot F_Y(y)$。

　　当已知 X、Y 为离散型随机变量时,式(2-1)等价于:

$$P\{X = x_i, Y = y_j\} = P\{X = x_i\} \cdot P\{Y = y_j\} \tag{2-1a}$$

式中,$P\{X = x_i, Y = y_j\}$ 为 X、Y 的联合分布律;$P\{X = x_i\}$ 和 $P\{Y = y_j\}$ 分别为 X、Y 的边缘分布律。

　　当已知 X、Y 为连续型随机变量时,式(2-1)等价于:

$$p(x,y) = p_X(x) \cdot p_Y(y) \tag{2-1b}$$

式中,$p(x,y)$ 为 X、Y 的联合概率密度;$p_X(x)$ 和 $p_Y(y)$ 分别为 X、Y 的边缘概率密度。

2.1.2 中心极限定理

中心极限定理是概率论中讨论随机变量和的分布以正态分布为极限的一组定理。这组定理是数理统计学和误差分析的理论基础,它们指出了大量随机变量之和近似服从于正态分布的性质,同时它们也是盲源分离中独立分量分析方法的理论基础,因此有必要对其数学原理做简单介绍。

定理 1:独立同分布条件下的中心极限定理(林德伯格 – 勒维中心极限定理[40]):设 $\{X_n\}$ 是独立同分布的随机变量序列,且 $E(X_i) = \mu$,$\text{var}(X_i) = \sigma^2 > 0$ 存在,若记 $Y_n = \dfrac{\sum\limits_{i=1}^{n} X_i - n\mu}{\sigma\sqrt{n}}$,则对任意实数 y,有

$$\lim_{n\to\infty} P\{Y_n \leq y\} = \Phi(y) = \int_{-\infty}^{y} \frac{1}{\sqrt{2\pi}} e^{-\frac{t^2}{2}} \mathrm{d}t \tag{2-2}$$

定理 1 告诉我们,对于独立同分布的随机变量序列,其共同分布可以是离散分布,也可以是连续分布,可以是正态分布,也可以是非正态分布,只要其共同分布的方差存在,且不为零,就可以使用该定理的结论。

前面我们已经在独立同分布的条件下,解决了随机变量和的极限分布问题。在实际问题中各个 X_i 具有独立性是常见的,但是很难证明各个 X_i 是"同分布"的随机变量。比如,在我们的生活中所遇到的某些加工过程中的测量误差 Y_n,由于其是由大量的"微小的"相互独立的随机因素 X_i 叠加而成的,即 $Y_n = \sum\limits_{i=1}^{n} X_i$,各个 X_i 之间具有独立性,但不一定同分布。因此,我们还要研究在独立不同分布的前提下,各随机变量和的极限分布问题。

定理 2:独立不同分布条件下的中心极限定理(林德伯格勒维中心极限定理[40]):设独立的随机变量序列 $\{X_n\}$ 满足林德伯格勒维条件:

对任意的 $\tau > 0$，有 $\lim\limits_{n \to \infty} \dfrac{1}{B_n^2} \sum\limits_{i=1}^{n} \int_{|x - \mu_i| > \tau B_n} (x - \mu_i)^2 p_i(x)\,\mathrm{d}x = 0$，其中 $Y_n = \sum\limits_{i=1}^{n} X_i$，$\sigma(Y_n) = B_n$，$p_i(x)$ 为 X_i 的概率密度，μ_i 为 X_i 的数学期望，则对任意的 x 有以下表达式成立：

$$\lim_{n \to \infty} P\left(\frac{Y_n - E(Y_n)}{\sqrt{Var(Y_n)}} \leqslant x \right) = \frac{1}{\sqrt{2\pi}} \int_{-\infty}^{x} \mathrm{e}^{\frac{-t^2}{2}}\,\mathrm{d}t \qquad (2\text{-}3)$$

即有，当 $n \to \infty$ 时，Y_n 的标准化变量近似服从标准正态分布，也就是说，Y_n 近似服从正态分布。

假如独立随机变量序列 $\{X_n\}$ 具有同分布和方差有限的条件，则必定满足以上的林德伯格勒维条件，也就是说，定理 1 是定理 2 的特例。

定理 3：独立不同分布条件下的中心极限定理（李雅普诺夫中心极限定理[40]）：设 $\{X_n\}$ 为独立随机变量序列，并且 $E(X_k) = \mu_k$，$\mathrm{var}(X_k) = \sigma_k^2 > 0 (k = 1, 2, \cdots, n)$，记 $B_n^2 = \sum\limits_{k=1}^{n} \sigma_k^2$，$Y_n = \sum\limits_{k=1}^{n} X_k$，若存在 $\delta > 0$ 满足 $\lim\limits_{n \to +\infty} \dfrac{1}{B_n^{2+\delta}} \sum\limits_{k=1}^{n} E(|X_k - \mu_k|^{2+\delta}) = 0$，则随机变量之和 Y_n 的标准化变量 $Z_n = \dfrac{Y_n - E(Y_n)}{\sqrt{\mathrm{var}(Y_n)}} = \dfrac{Y_n - \sum\limits_{k} \mu_k}{B_n}$ 的分布函数 $F_n(x)$，对于任意的 x 满足以下表达式：

$$\lim_{n \to +\infty} F_n(x) = \lim_{n \to +\infty} P(Z_n \leqslant x) = \frac{1}{\sqrt{2\pi}} \int_{-\infty}^{x} \mathrm{e}^{\frac{-t^2}{2}}\,\mathrm{d}t = \Phi(x) \quad (2\text{-}4)$$

也就是说，无论各个随机变量 $X_k (k = 1, 2, \cdots, n)$ 服从什么分布，只要满足定理条件，那么它们的和 Y_n，当 n 很大时，就近似地服从正态分布。而在实际生活的很多问题中，所考虑的随机变量往往可以表示成多个独立的随机变量之和，并且在大部分情况下，定理 3 的条件是容易满足的，故 Y_n 往往具有较强的高斯性。

根据以上中心极限定理可知，假设有一系列观测信号 $x_i (i = 1, 2, \cdots, N)$（$N$ 为个数），可以将其视为随机变量 $x_i (i = 1, 2, \cdots, N)$，它们的和 $\mathrm{Sum} = \sum\limits_{i=1}^{N} x_i$，则只要 x_i 的均值和方差均为有限值，不论其为何种分布,Sum 都较 x_i 更接近于高斯分布,即 x_i 较 Sum 的非高斯性更强。因此,可以通过对分离结果的非高斯性度量来表示分离结果间的相互独立性,当非高斯性度量达到最大时,即表示我们已完成对各独立分量的分离。

假定这里有 m 个观测信号,第 i 个观测信号 x_i 是由 n 个相互独立的未知源信号 $s_1, s_2, \cdots, s_n$ 混合而成(x_i, s_j 均为随机变量),即

$$x_i = a_{i1}s_1 + a_{i2}s_2 + \cdots + a_{in}s_n \qquad (2\text{-}5)$$

式中,$a_i(j = 1, 2, \cdots, n)$ 为常数系数。用矢量 $\boldsymbol{X}$ 表示观测信号变量($x_1, x_2, \cdots, x_m)^{\mathrm{T}}$,矢量 $\boldsymbol{S}$ 表示源信号变量($s_1, s_2, \cdots, s_n)^{\mathrm{T}}$($m \geqslant n$),$\boldsymbol{A}_{m \times n}$ 表示混合矩阵($a_{i,j}$),则式(2-5)可表示为

$$\boldsymbol{X} = \boldsymbol{AS} \qquad (2\text{-}6)$$

盲源分离的目标往往就是寻求分离矩阵 $\boldsymbol{W}_{m \times n}$,以使 $y = \boldsymbol{W}^{\mathrm{T}}\boldsymbol{X} = \boldsymbol{W}^{\mathrm{T}}\boldsymbol{AS}$ 具有最大的非高斯性。

2.2　高阶统计量

在实际工作中,常常面临大量非高斯、非最小相位、非平稳信号的处理问题,利用高阶统计量辨识是解决这些问题的主要手段[41]。高阶统计量提供了十分丰富的信息,使我们可以辨识非高斯、非最小相位、非平稳信号系统,可以抑制高斯或非高斯的有色噪声,可以抽取不同于高斯信号的多种信号特征……高阶统计量是现代信号处理的核心内容之一,经过短短几年的迅速发展,高阶统计量已在地球物理、生物医学、雷达、通信、海洋学、天文学、电磁学、振动分析学等领域获得了广泛的应用。

高阶统计量之所以大大超越功率谱和相关函数,原因在于高阶统计量包含了二阶统计量没有的大量丰富信息。高阶统计量不仅可以自动抑制高斯有色噪声的影响,而且有时也能抑制非高斯有色噪声的影响。高阶循环统计量则能自动抑制任何平稳高斯与非高斯噪声的影响。可以毫不夸张地说,凡是使用功率谱或相关函数进行分析与处理,而又未得到满足结果的任何问题都值得重新使用高阶统计量方法。

　　盲源分离中的许多经典算法(如 ICA 算法、JADE 算法等),就是建立在高阶统计量的基础之上,因此盲源分离对处理信号中的噪声具有非常卓越的性能。本书中涉及的算法主要为 ICA(独立分量分析)算法。ICA 又称为独立元分析、独立分离分析,其基本思路是将观测信号按照统计独立的原则建立目标函数,再将其通过优化算法分解为若干独立成分以实现信号的分离或分析。ICA 从观测数据的高阶统计量特性出发提取独立成分,它不仅可以去除各分量之间的一、二阶相关性,同时具有去除数据间的高阶相关信息的能力,因而使得分解结果更具有实际意义。

　　这里对高阶统计量[42-43]的数学原理做简单介绍。

2.2.1　随机变量的特征函数

　　定义:随机变量 X 的分布函数为 $F(x)$,其特征函数定义为

$$\Phi(\omega) = \int_{-\infty}^{\infty} e^{j\omega x} dF(x) \tag{2-7}$$

即特征函数的一般形式为

$$\Phi(\omega) = E(e^{j\omega x}) \tag{2-8}$$

　　若 X 的概率密度函数为 $f(x)$,则式(2-7)变为

$$\Phi(\omega) = \int_{-\infty}^{\infty} f(x) e^{j\omega x} dx \tag{2-9}$$

由傅里叶变换可以得到

$$f(x) = \frac{1}{2\pi} \int_{-\infty}^{\infty} \Phi(\omega) e^{-j\omega x} d\omega \tag{2-10}$$

　　记随机变量 X 的分布函数为 $F_X(x)$,其特征函数为 $\Phi_X(\omega) = E(e^{j\omega X})$。若 $Y = aX + b$,则有

$$\Phi_Y(\omega) = e^{j\omega b} \Phi_X(a\omega) \tag{2-11}$$

　　进一步,若 $X_1, X_2, \cdots, X_n$ 为相互独立的随机变量,且 $X = X_1 + X_2 + \cdots + X_n$,则

$$\Phi_X(\omega) = \prod_{i=1}^{n} \Phi_{X_i}(\omega) \tag{2-12}$$

即相互独立的随机变量的和的特征函数等于它们各自的特征函数的

积。

2.2.2 高阶矩和高阶累积量

在式(2-2)中令 $s = \mathrm{j}\omega$，则随机变量 X 的特征函数为

$$\Phi(s) = E(sX) = \int_{-\infty}^{\infty} \mathrm{e}^{sx} \mathrm{d}F(x) \tag{2-13}$$

若 X 的概率密度函数为 $f(x)$，则上式变为

$$\Phi(s) = \int_{-\infty}^{\infty} f(x) \mathrm{e}^{sx} \mathrm{d}x \tag{2-14}$$

称 $m_k = \dfrac{\mathrm{d}^k \Phi(s)}{\mathrm{d}s^k}\bigg|_{s=0}$ 为 X 的 k 阶矩，即 $\Phi(s)$ 在原点的 k 阶导数等于 X 的 k 阶矩 m_k。

若将 $\Phi(s)$ 称为 X 的第一特征函数(或阶矩的生成函数)，则称函数

$$\Psi(s) = \ln \Phi(s) \tag{2-15}$$

为 X 的第二特征函数(或累积量的生成函数)。

随机变量 X 的 k 阶累积量 c_k 定义为累积量的生成函数 $\Psi(s)$ 的 k 阶导数在原点的值，即

$$c_k = \dfrac{\mathrm{d}^k \Psi(s)}{\mathrm{d}s^k}\bigg|_{s=0} \tag{2-16}$$

我们可以将 $\Phi(s)$ 和 $\Psi(s)$ 分别展成下面的 Taylor 级数：

$$\Phi(s) = \sum_{k=0}^{\infty} \frac{s^k}{k!} m_k, \Psi(s) = \sum_{k=0}^{\infty} \frac{s^k}{k!} c_k \tag{2-17}$$

2.2.3 单变量情况和多变量情况

2.2.3.1 单变量情况

由 X 的 k 阶矩的定义式 $m_k = \dfrac{\mathrm{d}^k \Phi(s)}{\mathrm{d}s^k}\bigg|_{s=0}$，有 $m_k = E(X^k)$，则有：

一阶矩：$m_1 = E(X)$，称为均值。

二阶矩：$m_2 = E(X^2)$，称为均方。

三阶矩：$m_3 = E(X^3)$，称为偏斜度。

四阶矩：$m_4 = E(X^4)$，称为峰度。

由随机变量 X 的 k 阶累积量定义式 $c_k = \dfrac{d^k \Psi(s)}{ds^k}\bigg|_{s=0}$ 可知：

（1）对单变量的高斯型信号，其二阶以上的矩和累积量或是等于零，或是可以由一、二阶矩推导出来，因而是冗余的。

（2）四阶累积量 c_4 常用于对非高斯但对称的概率密度函数的分类，$c_4 > 0$ 称为超高斯型，$c_4 < 0$ 称为亚高斯型。

k 阶累积量与 k 阶矩的关系如下：

$$c_1 = m_1 = E[X] = \eta$$

$$c_2 = m_2 - m_1^2 = E[X^2] - (E[X])^2 = E[(X - E[X])^2] = \mu_2$$

$$c_3 = m_3 - 3m_1 m_2 + 2m_1^3 = E[X^3] - 3E[X]E[X^2] +$$
$$2(E[X])^3 = E[(X - E[X])^3] = \mu_3$$

$$c_4 = m_4 - 3m_2^2 - 4m_1 m_3 + 12m_1^2 m_2 - 6m_1^4 \neq E[(X - E[X])^4] = \mu_4$$

若 $E[X] = \eta = 0$，则 $c_1 = m_1 = 0$，$c_2 = m_2 = E[X^2]$，$c_3 = m_3 = E[X^3]$，$c_4 = m_4 - 3m_2^2 = E[X^4] - 3(E[X^2])^2$。

由上可见，当随机变量 X 的均值为零时，其前三阶累积量与前三阶矩相同，而四阶累积量与相应的高阶矩不相同。

2.2.3.2 多变量情况

给定 n 维随机变量 $(X_1, X_2, \cdots, X_n)$，其联合特征函数为

$$\Phi(s_1, s_2, \cdots, s_n) = E[\exp(s_1 X_1 + s_2 X_2 + \cdots + s_n X_n)] \quad (2\text{-}18)$$

其第二联合特征函数为

$$\Psi(s_1, s_2, \cdots, s_n) = \ln\Phi(s_1, s_2, \cdots, s_n) \quad (2\text{-}19)$$

对式（2-18）与式（2-19）分别按泰勒级数展开，则阶数为 $r = k_1 + k_2 + \cdots + k_n$ 的联合矩可用联合特征函数 $\Phi(s_1, s_2, \cdots, s_n)$ 定义为

$$m_{k_1 k_2 \cdots k_n} = \dfrac{\partial^r \Phi(s_1, s_2, \cdots, s_n)}{\partial s_1^{k_1} \partial s_2^{k_2} \cdots \partial s_n^{k_n}}\bigg|_{s_1 = s_2 = \cdots = s_n = 0} \quad (2\text{-}20)$$

同样地，阶数为 $r = k_1 + k_2 + \cdots + k_n$ 的联合累积量可用第二联合特征函数 $\Psi(s_1, s_2, \cdots, s_n)$ 定义为

$$c_{k_1 k_2 \cdots k_n} = \dfrac{\partial^r \ln\Phi(s_1, s_2, \cdots, s_n)}{\partial s_1^{k_1} \partial s_2^{k_2} \cdots \partial s_n^{k_n}}\bigg|_{s_1 = s_2 = \cdots = s_n = 0} \quad (2\text{-}21)$$

联合累积量 $c_{k_1 k_2 \cdots k_n}$ 可用联合矩 $m_{k_1 k_2 \cdots k_n}$ 的多项式来表示,但其一般表达式相当复杂,这里不加详述,仅给出二阶、三阶和四阶联合累积量与其对应阶次的联合矩之间的关系。

设 $X_1, X_2, \cdots, X_n$ 均为零均值随机变量,则

$$c_{11} = \text{cum}(X_1, X_2) = E[X_1 X_2]$$

$$c_{111} = \text{cum}(X_1, X_2, X_3) = E[X_1 X_2 X_3]$$

$$c_{1111} = \text{cum}(X_1, X_2, X_3, X_4)$$
$$= E[X_1 X_2 X_3 X_4] - E[X_1 X_2]E[X_3 X_4] - E[X_1 X_3]E[X_2 X_4] -$$
$$E[X_1 X_4]E[X_2 X_3]$$

对于非零均值随机变量,则在以上各式中用 $X_i - E[X_i]$ 代替 X_i 即可。与单个变量情形类似,前三阶联合累积量与前三阶联合矩相同,而四阶及高于四阶的联合累积量则与相应阶次的联合矩不同。

累积量具有如下基本性质:

性质 1:累积量关于其变元是对称的。$\text{cum}(x_1, \cdots, x_N) = \text{cum}(x_{i_1}, \cdots, x_{i_N})$,其中 $(i_1, \cdots, i_N)$ 是 $(1, \cdots, N)$ 的一种排列。

性质 2:累积量相对于其每个变元是线性的。

$$cum(x_1, \cdots, x_i + y_i, \cdots, x_N) = \text{cum}(x_1, \cdots, x_i, \cdots, x_N) + \text{cum}(x_1, \cdots, y_i, \cdots, x_N)$$

$$\text{cum}(x_1, \cdots, \lambda x_i, \cdots, x_N) = \lambda \text{cum}(x_1, \cdots, x_i, \cdots, x_N)$$

性质 3:若 $[x_1, \cdots, x_N]^T$ 中的一个子集与其余部分独立,则有 $\text{cum}(x_1, \cdots, x_N) = 0$。

性质 4:若随机变量 $\{x_i\}$ 和随机变量 $\{y_i\}$ 独立,则:

$$\text{cum}(x_1 + y_1, \cdots, x_N + y_N) = \text{cum}(x_1, \cdots, x_N) + \text{cum}(y_1, \cdots, y_N)$$

更具有一般性,如果 $[x_1, \cdots, x_N]^T$ 各分量相互独立,那么所有的交叉累积量为零。

性质 5:$x_1, \cdots, x_N$ 是高斯随机变量,如果 $N \geq 3$,则有 $\text{cum}(x_1, \cdots, x_N) = 0$。

第 3 章　盲源分离基本理论

盲源分离[24]（blind source separation，BSS）是一种功能强大的信号处理方法，它是在 20 世纪 80 年代中后期迅速发展起来的。统计信号处理、人工神经网络以及信息理论的共同发展为盲源分离的发展提供了契机，并使之成为当今众多领域中研究与发展的热点方向。

所谓盲源分离，是指仅从若干观测到的混合信号中分离、提取或恢复出我们所需要的原始信号的过程。这里的"盲"有两重含义：一是指源信号是不可观测的、完全未知的，或者仅知道少量信息；二是指观测信号的构成（它是如何通过源信号混合得到的）是事先未知的，或只知有关的少量信息（如可能由哪些源信号参与混合等）。在现实的各种实际应用中，我们可以认为正是由于多个源信号的混合才得到观测信号，也就是说，源信号经过不同组合后分别到达每一个传感器，一系列的传感器再将观测信号依次进行输出。盲源分离的主要任务即是从这些观测信号中分离、提取或恢复出我们需要的源信号（原始信号）。

著名的"鸡尾酒会问题"就是盲源分离在现实生活中的一个典型案例，这个问题可描述如下：在某鸡尾酒会的现场出现了各种各样的声音，比如酒杯的碰杯声、人们欢快的聊天声、器乐演奏出的美妙的音乐声、窗外传来的汽车喇叭声……假设我们用专门的器材去记录这些声音。很显然，各个器材记录的声音信号是各个发声对象的不同音色和音量的语音信号的混合信号。你可能有如下的体验：尽管现场有很多干扰，但你依然能够对你朋友所说的话进行分辨和识别，甚至他所说的任何细节信息你都没有放过。那么，你是如何做到这些的呢？也就是说，在事先不知道发声对象的任何信息，也不知道器材被放置在哪里的情况下，我们怎么才能从各个器材记录的混合声音信号中区分出各个发声对象发出的不同声音呢？此时，我们就要运用盲源分离理论来解决这个问题。

盲源分离的一般表述如下所示：

已知获得的观测信号为 $x(k)=[x_1(k),x_2(k),\cdots,x_m(k)]^{\mathrm{T}}$，要求找到一个逆系统，以重构和估计原始的源信号 $s(k)=[s_1(k),s_2(k),\cdots,s_n(k)]^{\mathrm{T}}$。对于源信号 $s(k)$ 我们是事先不了解的，对观测信号是如何由源信号混合而成的我们也是事先不知道的，这就达到了盲源分离中的"盲"的要求。我们可以对输出信号进行如下分离：

$$y(k)=\boldsymbol{W}x(k)=\boldsymbol{W}\boldsymbol{A}s(k)=\boldsymbol{C}s(k) \tag{3-1}$$

式中，$\boldsymbol{A}$ 为将源信号 $s(k)$ 进行混合的混合矩阵；$\boldsymbol{W}$ 为解混矩阵；$\boldsymbol{C}$ 为混合—分离矩阵，$\boldsymbol{C}=\boldsymbol{W}\boldsymbol{A}$；$y(k)$ 为分离后所得的信号。

在某些情况下，当 $m<n$ 时，$\boldsymbol{W}$ 可能不存在，此时需要利用未知源信号的独立性或者稀疏性等先验知识来对源信号进行估计。

一般情况下，如果 $s(k)$ 的线性瞬时混合为 $x(k)$，即 $x(k)=\boldsymbol{Q}\times s(k)$，其中 $\boldsymbol{Q}$ 是一个 $m\times n$ 的混合矩阵，则盲源分离问题可简化为求一个 $n\times m$ 的解混矩阵 $\boldsymbol{W}$，使得输出

$$y(k)=\boldsymbol{W}x(k)\approx s(k) \tag{3-2}$$

式中，$y(k)$ 为真实源信号的一种近似或估计。

由于盲源分离可以充分考虑源信号的统计独立性、稀疏性、光滑性以及无关性等特性，因而为估计或近似信号源提供了多种高效且稳健的算法。应用盲源分离进行高效分解和信号提取，其基本步骤如图 3-1 所示[24]。

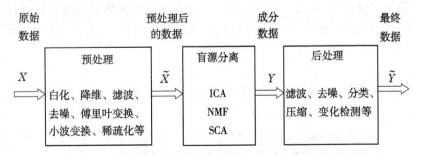

图 3-1　运用盲源分离进行高效分解和信号提取的基本步骤

从图 3-1 中可以看出，数据的预处理模型和后处理模型对于可靠

地提取需要的成分具有非常重要的意义。图中,独立成分分析(ICA)作为一种盲源分离方法,已经成为当今分离信号和提取有用信息的主流方法,并得到广泛应用和持续深入的研究;非负矩阵分解(NMF)和稀疏成分分析(SCA)是在处理某些欠定盲源分离问题时经常用到的方法,它们也开始在信号分离和相关应用中显露出强大的数据分析能力。

3.1　盲源分离的模型和基本方法

盲源分离应用在如下的背景模式之下:在源信号和阵列传感器之间的传输模式上很难建立起相关的数学模型,或者观测者无法获得关于信号传输的具体的经验和知识。就源信号的不同混合方法而言,盲源分离可以分为两种模型:线性混合模型和非线性混合模型。

3.1.1　线性混合模型

3.1.1.1　线性瞬时混合模型

假设 M 个传感器接收到经过线性瞬时混合的 N 个统计独立的源信号,则每个观测信号是这 N 个信号的一个线性组合。对于线性瞬时混合模型有

$$x_j(t) = \sum_{i=1}^{N} a_{ji} s_i(t) \qquad (3\text{-}3)$$

式中, $x_j(t)$ 为观测信号($j \in \{1,2,\cdots,M\}$); a_{ji} 为混合矩阵的元素($i \in \{1,2,\cdots,N\}$, $j \in \{1,2,\cdots,M\}$); $s_i(t)$ 为源信号($i \in \{1,2,\cdots,N\}$)。

式(3-3)也可用矢量形式表示为

$$X(t) = AS(t) \qquad (3\text{-}4)$$

式中, $X(t)$ 为观测信号; $A \in R^{M \times N}$ 为混合矩阵; $S(t) \in R^N$ 为源信号向量。

由于传输信道和传感器阵列包含加性噪声,因而在实际应用中常需考虑加性噪声,此时式(3-4)中的混合系统就变为

$$X(t) = AS(t) + n(t) \qquad (3\text{-}5)$$

式中, $n(t) = [n_1(t), n_2(t), \cdots, n_M(t)]^{\mathrm{T}}$,表示加性噪声向量。

3.1.1.2　线性卷积混合模型

线性卷积混合模型往往被认为是跟实际环境更为接近的模型。假设 N 个统计独立的源信号为 $s_i(t)$，其中 $i=1,2,\cdots,N$，卷积混合后被 M 个传感器接收，得到的混合信号为 $x_j(t)$，其中 $j=1,2,\cdots,M$，卷积运算符号为 $*$，$a_{ji}(\tau)$ 为第 i 个源信号到第 j 个传感器的冲激响应，则线性卷积混合模型可表示为

$$x_j(t) = \sum_{i=1}^{N} a_{ji} * s_i(t) = \sum_{j=1}^{N} \sum_{\tau=0}^{L-1} a_{ji}(\tau) s_i(t-\tau) \tag{3-6}$$

式中，对于每一个通道都可以用一个 L 阶的 FIR 滤波器表示。因此，卷积混合模型系统可以采用 Lambert 提出的矩阵代数中的 FIR 矩阵来表示，设 A 是一个 FIR 矩阵，其形式为

$$A = \begin{bmatrix} a_{11}^{\mathrm{T}} & a_{12}^{\mathrm{T}} & \cdots & a_{1n}^{\mathrm{T}} \\ a_{21}^{\mathrm{T}} & a_{22}^{\mathrm{T}} & \cdots & a_{2n}^{\mathrm{T}} \\ \vdots & \vdots & & \vdots \\ a_{n1}^{\mathrm{T}} & a_{n2}^{\mathrm{T}} & \cdots & a_{nn}^{\mathrm{T}} \end{bmatrix} \tag{3-7}$$

其中，a_{ji} 是 L 维的列向量，表示一个 L 阶的 FIR 滤波器，则有

$$x = As \tag{3-8}$$

将式(3-8)写成向量形式为

$$x(t) = \sum_{\tau=0}^{L-1} A(\tau) s(t-\tau) \tag{3-9}$$

这里 $A(\tau)$ 为 $M \times N$ 阶的混合矩阵，其余两个元素的表达式为 $s(t-\tau) = [s_1(t-\tau), s_2(t-\tau), \cdots, s_N(t-\tau)]^{\mathrm{T}}$，$x(t) = [x_1(t), x_2(t), \cdots, x_M(t)]^{\mathrm{T}}$。

3.1.2　非线性混合模型

通常在实际环境中获得的混合信号更多的是一种非线性混合物。非线性混合信号的盲源分离问题一般很难解决，往往需要补充额外的先验信息，或者添加适当的约束条件。

下面是非线性混合模型的数学表达式：

$$x(t) = f(s(t)) + n(t) \tag{3-10}$$

式中，$x(t)$ 为 M 维观测信号向量；$f:\boldsymbol{R}^N\to\boldsymbol{R}^M$ 为未知的可逆实值非线性混合函数；$s(t)$ 为 N 维未知源信号向量；$n(t)$ 为 M 维加性噪声。

非线性盲源分离混合模型就是通过分析观测信号 $x(t)$ 找到一个映射 $g:\boldsymbol{R}^M\to\boldsymbol{R}^N$，使得通过映射 g 获得源信号 $s(t)$ 的估计或近似，即有

$$y(t) = g(x(t)) \to s(t) \tag{3-11}$$

图 3-2 是盲源分离的几种基本方法的图示表示[24]。

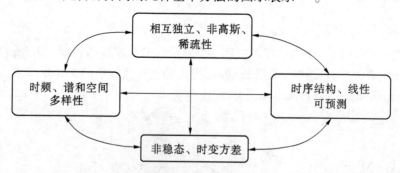

图 3-2　几种基本的盲源分离方法

最普遍的方法就是使用代价函数来对信号的独立性、非高斯性或稀疏性进行度量，这类方法称为第一种方法，也是目前应用得最为广泛的方法。当源信号具有统计独立性且不呈现时间结构时，高阶统计量方法是求解盲源分离问题的有效方法。

第二种方法是当源信号具有时序结构时，因其时序相关数是非零的，则可以将统计独立性的限制条件降低，这时估计混合矩阵和源信号只需使用二阶统计量方法即可。

第三种方法是在源信号为非稳态时，由于源信号主要随时间有不同的变化，故可以利用二阶非平稳性求解盲源分离问题。

第四种方法是在源信号具有不同多样性时，这些不同多样性包括时域多样性、频域多样性或者时频域多样性，也包括空间—时间—频率联合多样性等。

3.2 盲源分离经典算法

盲源分离的经典算法主要包括隐累积量算法、信息最大化算法、最小互信息算法、最大似然估计算法、定点算法、非线性 PCA 算法等，下面分别进行介绍。

3.2.1 隐累积量算法

Herault 和 Jutten 较早提出的 H－J 算法是隐累积量算法（implicit cumulant algorithm）的典型代表[44-45]，该算法选用递归网络结构，为逐步调整权重的神经网络。此算法分离网络的输出为

$$X(t) = Y(t) - W(t)X(t) \tag{3-12}$$

式中，$X(t)$ 为观测信号；$Y(t)$ 为源信号的估计量；$W(t)$ 为分离矩阵。

由式（3-12）可以得到

$$Y(t) = (I(t) + W(t))^{-1}X(t) \tag{3-13}$$

运用梯度下降法，Herault 和 Jutten 提出了如下的学习规则：

$$\frac{\mathrm{d}W_{ij}(t)}{\mathrm{d}t} = \mu(t)f(Y_i(t))g(Y_j(t)) \quad \forall i,j \text{ with } i \neq j \tag{3-14}$$

式中，$f(\cdot)$ 和 $g(\cdot)$ 是非线性奇函数，$\mu(\cdot)$ 是学习率。H－J 算法中使用了非线性函数，这里一般将 $f(\cdot)$ 和 $g(\cdot)$ 用以下函数表示：$f(y_i) = y_i^3$ 或 $f(y_i) = \tanh(y_i)$，$g(y_i) = y_i$。H－J 算法没有明确的误差函数，算法的实质就是引入了信号的高阶统计量，其学习规则是 Hebb 学习规则在高阶意义下的推广。然而，由于学习每一步过程中都要对矩阵 $(I(t) + W(t))$ 求逆，故导致运算量增加。

H－J 算法中非线性函数的选取具有随意性，在理论上没有给出令人满意的收敛性证明，但是在实际应用中其收敛性是非常好的。H－J 算法一般适用于观测信号数目与源信号数目相同的情况。

3.2.2 信息最大化算法

从信息论角度而言，所谓盲源分离就是一个以使分离系统的输出

熵取到最大值为目标,利用自适应算法或神经网络,通过非线性函数来间接获得高阶累积量的过程。利用信息最大化原理进行盲源分离就是使输出熵最大化,信息最大化(information maximization,Infomax)算法的思想就是当神经元输出 Z 的各个分量 z_i 相互独立时其熵取到最大值,所以也将这种方法称为最大熵(maximum entropy,ME)方法。

这类算法的代表人物是 Bell 和 Sejnowski,他们将信息传输最大化理论推广到非线性单元来对任意分布的输入信号进行处理[46]。假设信号通过 S 型函数传输,如果该 S 型函数的斜率部分与信号的高密部分保持一致,则可以实现信息的最大化传输。由最大熵原理可以知道,当输出熵最大时,互熵也最大,即有最多的信息通过可逆变换从输入端传输到了输出端。这时输入变量的概率密度函数和可逆变换 G 之间的关系由 Linsker 的最多信息原理(infomax principle)描述:当函数 G 的最陡部分与输入变量的最陡概率部分项重合时,最大的信息从输入端传输到了输出端。

对于信息最大化算法所处理的最基本的问题就是要使得一个神经网络处理单元的输出 $Y(t)$ 中包含的关于其输入 $X(t)$ 的互信息最大。$X(t)$ 和 $Y(t)$ 的互信息定义如下:

$$I(Y,X) = H(Y) - H(Y \mid X) \tag{3-15}$$

式中,$H(Y)$ 是输出的熵;$H(Y\mid X)$ 则是输出中不是从输入产生的熵,称为条件熵。在无噪情况下,X 和 Y 之间的映射是确定的,并且 $H(Y\mid X)$ 能取到最小值。

Bell 在 Infomax 算法中将固定的 Sigmoid 函数作为非线性函数,这相当于预先限定了源信号的分布,所以该算法只能分离具有正峰度的混合信号。(注:Sigmoid 函数是一个在生物学中常见的 S 型的函数,也称为 S 型生长曲线。在信息科学中,由于其单增以及反函数单增等性质,Sigmoid 函数常被用作神经网络的阈值函数,将变量映射到 0 与 1 之间。Sigmoid 函数的定义式为 $S(x) = \dfrac{1}{1 + e^{-x}}$。)

3.2.3 最小互信息算法

最小互信息(minimum mutual information, MMI)的基本思想是选择神经网络的权值矩阵 W,使得输出 Y 的各个分量之间的相关性最小化。这里的信号间的相互依赖关系可以用 Y 的概率密度函数及其各个边缘概率密度函数的乘积间的 K–L 散度来表示。

Pierrie Comon 早在 1994 年就证明了互信息是独立分量分析的代价函数[47]。在使用互信息作为信号分离的代价函数时,对输出的各个分量无须使用非线性变换这种预处理手段。由随机梯度算法得到

$$\frac{\mathrm{d}W}{\mathrm{d}t} = \eta(t)(W^{-\mathrm{T}} - \varphi(Y)x^{\mathrm{T}}) \tag{3-16}$$

式中,$\eta(t)$ 为学习率;函数 $\varphi(Y)$ 为根据 Gram–Charlier 展开得出的关于 Y 及其三阶和四阶累积量的函数。

参数化系统的随机梯度优化方法的主要缺点是其收敛的速度比较慢。如果将一可逆的矩阵 G 作用于随机梯度算法中,则有

$$\frac{\mathrm{d}W}{\mathrm{d}t} = \eta(t)G^{-1}\frac{\partial H(x, W)}{\partial W} \tag{3-17}$$

于是随机梯度算法可以改进为

$$\frac{\mathrm{d}W}{\mathrm{d}t} = \eta(t)(W^{-\mathrm{T}} - \varphi(Y)x^{\mathrm{T}})W^{\mathrm{T}}W = \eta(t)(I - \varphi(Y)Y^{\mathrm{T}})W$$
$$\tag{3-18}$$

即得到分离矩阵的训练规则为

$$\Delta W \infty (I - \varphi(Y)Y^{\mathrm{T}})W \tag{3-19}$$

3.2.4 最大似然估计算法

最大似然估计(maximum likelihood estimation, MLE)算法是利用已经获得的观测样本来估计样本的真实概率密度,它具有很多优点,诸如一致性、方差最小性以及全局最优性等。1996 年,Girolami 和 Fyfe 首先提出将最大似然估计算法用于盲源分离问题[48],之后,Pearlmutter 和 Parra 用最大似然估计算法推导出通用的 ICA 学习规则[49]。最大似然

估计算法是目前解决盲源分离问题的普遍方法。

用测度两个概率密度之间距离的 K－L 散度作为优化准则,通过推导可以得到标准化的最大似然函数:

$$L(x_1,\cdots,x_n;\theta) = \int p_x(x)\lg p_x(x;\theta)\,\mathrm{d}x$$

$$= - D_{p_x(x)||p_x(x;\theta)} - H(p_x(x)) \qquad (3\text{-}20)$$

可以看到最大似然函数是由 Kullback－Leibler 散度和熵值得到的,而第二项的熵不依赖于参数,相当于一个常数项。

将式(3-20)转化为盲源分离问题:设混合信号由 $X = AS$ 给出,$p_x(x)$ 为 x 的概率密度函数,$\theta = A$ 为所要求的未知的混合矩阵。这样由式(3-20)可知最大似然估计算法的代价函数为

$$\varphi_L(\theta) = - D_{p_x(x)||p_x(x;\theta)} \qquad (3\text{-}21)$$

最大似然估计算法能够比较准确地估计出概率密度。

3.2.5　定点算法

定点(fixed point)算法的目标是找到一个方向,即一个权值 w,使得投影 $w^{\mathrm{T}}x$ 具有最大的非高斯性。这里的非高斯性由负熵来量度。负熵的近似式用峭度来表示,但是用峭度的方法对数据比较敏感,所以 Hyvarinen 和其他研究人员提出了用一种更稳健、更快速的方法来计算负熵,这就是定点算法诞生的原由。

定点算法中应用较多的是 FastICA 算法[50]。设 Y 为随机变量,其微分熵定义为 $H(y) = -\int p_Y(\xi)\lg p_Y(\xi)\,\mathrm{d}\xi$,其负熵定义为 $N_g(y) = H(Y_{\mathrm{Gauss}}) - H(y)$($Y_{\mathrm{Gauss}}$ 是一与 Y 具有相同方差的高斯随机变量)。负熵 $N_g(y)$ 可以作为随机变量 Y 非高斯性的测度。由于计算微分熵需要知道概率密度函数,不易获取,因此常采用如下近似公式计算负熵:$N_g(y) = \{E[g(y)] - E[g(Y_{\mathrm{Gauss}})]\}^2$($E[\cdot]$ 为求期望,$g(\cdot)$ 为一特定非线性函数)。

FastICA 学习规则是找一个方向以使 $Y = W^{\mathrm{T}}X$ 具有最大的非高斯

性(W 为分离矩阵)。FastICA 算法的迭代公式为

$$
\left.
\begin{array}{l}
W^{*} = E\{Xg(W^{\mathrm{T}}X)\} - E\{g'(W^{\mathrm{T}}X)\}W \\
W = W^{*}/\parallel W^{*}\parallel
\end{array}
\right\} \tag{3-22}
$$

　　在实际应用中,FastICA 算法中所用到的期望都必须用它们的估计代替,当然最自然的估计是相应的样本均值,理想的应该是用所有的数据,但这样计算量会很大。样本的数目多少会对估计的精度产生影响,如果收敛效果不是很好,可以适当增加样本的数目。一般而言,FastICA 算法具有非常快的收敛速度。

　　由于定点算法对于各类数据都适用,并且也可以用来对高维数据进行分析和处理,因此具有非常广泛的应用价值。

3.2.6　非线性 PCA 算法

　　主分量分析[51](principal component analysis, PCA)是以输入数据协方差矩阵的最大特征值以及相应的特征向量定义的常规的统计信号处理方法。将高阶统计量引入标准的 PCA 方法中可以实现信号的分离,称为非线性 PCA (nonlinear PCA, NLPCA)方法[52]。

　　在对数据进行分离之前,首先对数据进行白化

$$
\ddot{x}(t) = Qx(t) \tag{3-23}
$$

式中, Q 为白化矩阵,使得 $R_{\ddot{x}} = \{\ddot{x}\ \ddot{x}^{\mathrm{T}}\} = I$ 。

　　一种典型的非线性 PCA 的代价函数为

$$
J(W) = E\{\parallel x - Wg(W^{\mathrm{T}}x)\parallel^{2}\} \tag{3-24}
$$

这里的权值 W 是 $M \times M$ 的矩阵; $g(\cdot)$ 是非线性函数, $g(\cdot)$ 通常取为奇函数,如 $g(t) = \tanh(t)$, $g(t) = t^{3}$ 等。由随机梯度算法可得到更新公式为

$$
\begin{array}{l}
W(t+1) = W(t) + \mu(t)[x(t)e^{\mathrm{T}}(t)W(t)F(x(t)^{\mathrm{T}}W(t)) + \\
\qquad\qquad e(t)g(x(t)^{\mathrm{T}}W(t))] \tag{3-25}
\end{array}
$$

式中

$$
e(t) = x(t) - W(t)g(W(t)^{\mathrm{T}}x(t))
$$

$$F(x(t)^T W(t)) = \text{diag}[g(x(t)^T W_1(t)), \cdots, g(x(t)^T w_M(t))]$$

$$(3\text{-}26)$$

这里 $\mu(t)$ 是取值为正的学习率。

非线性 PCA 算法在处理输入数据时,不仅考虑了二阶统计量,而且考虑了高阶统计量,这个特性对于盲源分离具有积极意义。

第 4 章　大地电磁场信号特征和噪声特征

　　大地电磁测深法[53-54]（magnetotelluric sounding, MT）是以天然电磁场为场源来研究地球内部电性结构的一种重要的地球物理勘探方法。由趋肤原理可以知道,不同频率的电磁波在地下具有不同的穿透深度,因此当在地表测量各个不同频率的地球电磁波的电磁响应序列之后,经过相关的资料处理就可以获得地球内部不同深度介质的电性结构[54]。

4.1　大地电磁场信号特征

　　大地电磁测深法[1-3]是一种基于电磁感应原理的地球物理方法,它的目的是研究地球内部介质的电性结构。大地电磁场的频率范围很宽,一般在 $10^{-4} \sim 10^4$ Hz。这些电磁波主要是由地球天然电磁场的短周期变化形成的,引起这些短周期变化的原因有很多,譬如各种闪电现象、太阳风与地球磁层之间的相互作用,以及各电离层间复杂的相互作用等。一般而言,入射到地下的交变电磁波有一部分被地下介质吸收而不再返回地面,有一部分则没被吸收而被重新反射回地面,这些电磁波携带了许多反映地下介质电性特征的有用信息。大地电磁测深法正是通过观测这些携带着大量地下介质信息的大地电磁信号,来探究地下介质的电性特征、层类电性结构及分布规律的。

　　大地电磁场按地磁振动的振幅大小、形式、频率及分布特征可分为以下三类:雷电信号、磁暴及磁亚暴、地磁脉动[55-56]。

4.1.1　雷电信号

　　频率高于 1 Hz 的大地电磁场主要来源于地球大气圈中与雷电相

关的闪电活动,它的组成包括两种成分:主频为数百赫兹的非周期振动和主频率为数千赫兹的高频振动[55]。以雷电形式出现的电磁波在电离层的下界面和地面之间来回反射并传播到很远的距离,这是因为电离层和地面之间可以形成一种很好的波导,使得这种电磁波在反射中能量损失较小。尽管雷电干扰的频带范围很宽,然而波导的特征及趋肤效应的作用,使得低频分量和高频分量出现不同的表现形式:高频分量电磁波的幅值随着电磁波传播距离的加大而逐渐衰减,低频分量电磁波则由于其能量在地球表面和电离层之间来回反射,而它们的反射损失情况是不同的,因而一部分电磁波的频率成分得到增强,一部分电磁波的频率成分得到减弱(进而形成苏曼谐振)。就功率谱而言,$0.5 \sim 1 \text{ kHz}$ 和 $6 \sim 8 \text{ kHz}$ 是雷电信号的能量密度比较集中的区域。但这两个区域的极值的变化是不同的:前者的极值随着观测点和信号的距离的增加而增加,并逐渐移向低频方向,后者的极值随着观测点和信号的距离的增加而减小,并逐渐移向高频方向。雷电信号的强度一般由两种因素决定,即电离层的性质和场源的位置。一般而言,雷电信号的强度具有的规律是:下午强于上午,夏季强于冬季,低纬度地区强于高纬度地区。一般来说,雷电信号的观测点与场源距离较远,因而我们可以将其近似看成均匀平面电磁波,并视其为大地电磁场的一种信号源。

4.1.2　磁暴与磁亚暴

磁暴是一种全球性的地磁扰动,它形成的原因是因为太阳风中短暂的等离子体流以大于太阳风的平均速度强烈挤压磁层边界。根据出现的形式,磁暴分为两种类型:急始型磁暴和缓始型磁暴。急始型磁暴的表现形式是:水平分量、垂直分量和磁偏角等的地磁要素突然发生跳跃性变化,且能同时在世界各地磁台上观测到这种变化,且这种变化通常发生在较短时间内。缓始型磁暴的表现形式是:磁暴的初相是渐变的,地磁要素增长速度不快,且磁暴开始的准确时间很难被精确测定。

磁亚暴又称磁湾,周期为几十分钟的单个脉冲是它的表现形式。大地电磁场的观测往往会被磁湾的发生所影响。

当磁暴或磁亚暴出现时,将会大量出现含多种复杂振动和频率成分的地磁扰动,并被野外大地电磁测深工作探测到。

4.1.3 地磁脉动

地球恒定的磁场与太阳等离子体流之间复杂的相互作用导致了地磁脉动的产生。由于太阳向外辐射离子化气体,地球磁层被激起振动造成了地磁场的日变化和瞬时变化,引起大地电磁场发生振动,从而产生地磁脉动。地磁脉动是最重要的大地电磁场源。它是频率低于1 Hz的低频率电磁场,类似于周期振动中的特殊短周期振动。一般可根据记录特征将地磁脉动分为 Pc 型(连续规则振动)和 Pi 型(不规则振动)。

由于天然电磁场是由多个不同强度和不同属性的场源在不同距离上同时作用引起的,因此信号较弱、强度较低,且在不同时间和不同频率段上具有很大的差异性。当噪声干扰出现时,由于其相对来说幅值较大、能量较强,因而常将微弱的大地电磁信号覆盖或淹没,此时想要获得真实的大地电磁信息变得异常困难。因此,我们不得不考虑大地电磁信号中的各种噪声,并寻求途径将天然电磁场以外的强噪声干扰信号进行有效的识别和压制,以便为后续的数据处理和地质解释提供良好的基础资料。

4.2 大地电磁场噪声特征

大地电磁场天然场源的特点[57-58]决定了大地电磁信号非常容易受到噪声的干扰,且这些噪声种类繁多,形态各异,强弱不均。大地电磁信号中的噪声的类型不同,则其表现出来的特征也会不同。

若从噪声之间的相关性来进行区分[59],可以把噪声分为两类:相关噪声和不相关噪声。相关噪声是指具有相关性的噪声,例如某个测点的道与道之间的噪声,它们往往是具有相关性的。不相关噪声即不具有相关性的噪声,主要是指由仪器自身及测量过程中的随机振动,以及测点附近的人文活动等引起的噪声。

若从噪声产生的机制来进行划分,大地电磁测深法中的噪声可以分为工频干扰噪声、地质噪声、人文噪声、仪器噪声等。

工频干扰噪声是指电力传输系统、有线广播、通信过程及人工电磁场等产生的噪声。这种噪声的信号源非常复杂。一般来说,在商业比较发达的地区,这种噪声的表现比较突出。

地质噪声是测区地质因素对地球介质电性的影响形成的噪声,它产生的原因是地表电性不均匀。地质噪声包括:地势起伏不平产生的地形影响,因测区地下地质构造复杂所造成的正演模拟误差,局部不均匀体在地表附近产生的静位移畸变等。

人文噪声主要是指人们日常生活中所产生的电磁辐射与电磁感应等。这些电磁噪声为非平面波,且离观测点较近,因此不符合大地电磁测深对场源的要求。

仪器噪声是指人为操作仪器不当所产生的噪声。这些不当操作包括:没有让布置的电道和磁道之间互相正交,没有准确记录电极距,不按照准确位置摆放磁棒等。这些不当操作都会产生噪声,影响到后续的数据处理的准确性。

文献[7]认为大地电磁测深中的噪声分为场源噪声、地质噪声和人文噪声三个类别。因这些噪声产生的机制不同,对大地电磁测深的影响也就各异。

来源于地球外部的天然电磁场的场源噪声主要表现为雷电活动所产生的高频电磁干扰。这类噪声的特点是:强度非常大,对观测具有严重影响,且造成虚假的阻抗估算。这类噪声的影响主要表现为[7]:

(1)大地电磁信号在某些频率上出现缺失,或呈现单一的极化特性。

(2)大地电磁信号在 3～30 Hz 的频率范围内具有苏曼谐振特征。

(3)大地电磁信号在 1 Hz 左右出现能量最低且频谱幅值最小的情况。

(4)在使用阻抗相位资料对大地电磁信号做深部电性结构解释时出现不稳定或不真实的阻抗计算值。

地质噪声是由各种地质因素导致的噪声,也称其为静态效应或地形影响。它一般产生于接近地球表面的在电性分布上呈现不均匀性的介质，或者是地形的起伏变化所导致的。导致地质噪声产生的因素通常是地形引起的静电场、浅层不均匀体的感应效应和电流效应等。由于地质噪声具有直流特性，因而通常不会对相位曲线产生影响，只会引起视电阻率曲线一个数值向上或向下平移，这是地质噪声的一个显著特征。

　　人文噪声主要是指人类活动所产生的干扰性电磁波以及人类的活动产生的其他电磁噪声，这些活动包括各种电力信号的传输、各种广播电视信号的播放、各种电器设备的使用以及各种通信工具的运用等。这些电磁噪声一般为非平面波，且距离观测点较近，因此一般不把它们作为大地电磁场的场源。这些噪声信号一般只集中在少数几个频率（如 50 Hz 或 60 Hz 及其谐波）或某个有限频带，但能量非常强，往往是正常信号的数倍或者几个数量级。尤其是在高压输电线附近，强烈的干扰信号使得有效信号几乎被淹没，形成似等振幅的 50 Hz 的噪声干扰。人文噪声往往出现在工业城镇及矿区附近，各种通信网络、无线电台信号、有线广播信号以及雷达站传输信号等造成的强烈的人文噪声往往导致视电阻率曲线和相位曲线的形态呈发散状态，严重降低了其可解释性。受人文噪声污染后得到的实测大地电磁信号数据通常表现为磁场信号受到严重污染，且原本电道数据和磁道数据之间应有的相关性遭到消除。另外，当测区有高压输电网时，所得到的观测信号数据往往包含着非常强烈的工频干扰，这使获得的观测信号呈现出信噪比极低的状态。

　　有一些文献将随机噪声作为第四类噪声。环境中的随机干扰及观测系统本身所固有的噪声构成了随机噪声。各道噪声之间不相关、信号与噪声之间不相关通常就是由这类噪声导致的。根据统计学原理，随机噪声可以通过在时间序列上进行多次叠加而加以削弱，或者在求解互功率谱时得到有效的消除，因此在许多文献中都不把随机噪声作为重点讨论的对象。

　　按照大地电磁测点的时间域信号中噪声的形状特点，大致可以将噪声分为如下几种类型：工频干扰噪声、似方波噪声、似充放电三角波噪声、似阶跃噪声和似脉冲噪声。下面分别阐述大地电磁噪声类型及特点[60]。

4.2.1　工频干扰噪声

如前所述,工频干扰噪声一般来源于生产生活中的高压电力传输线。一段包含工频干扰噪声的实测大地电磁时间域波形如图 4-1 所示,该测点地址位于 31:08.487(N),114:06.865(E)。一般来说,工频干扰噪声通常出现在电道中,它常常使得两个电道 E_x 和 E_y 的波形具有较好的相关性,因此这可以作为区分它的一个典型标志。有时工频干扰噪声在磁道中也偶尔出现(如图 4-1 所示磁道中亦出现)。工频干扰噪声的形态较为规则,呈现出周期性的规律性,类似于正弦曲线的形状。另外,其幅值一般较大,对原始信号影响很大,常常使得原始信号信息无法被辨别出来。在时间序列中通常观测到的正弦波干扰即为等振幅、等频率(50 Hz)的工频干扰及其谐波干扰,这会导致原始的有用信号很难被辨识或者几乎完全被淹没。

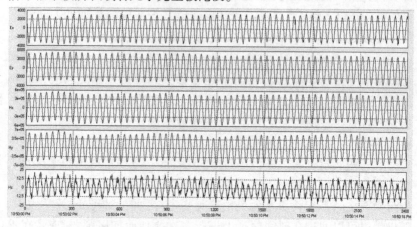

图 4-1　实测大地电磁工频干扰噪声

4.2.2　似方波噪声

似方波噪声是测区内影响强度最大的噪声之一,导致它出现的设施一般为用电设备的开关系统、产生电火花的机器、机动车辆的点火系统等。该类噪声通常出现在低频采样率的电道数据中。这类噪声的幅值常常是正常大地电磁有用信号的几十倍,因而这类噪声往往会造成电道曲线的整体漂移,并使得阻抗的估算值偏高。这类噪声常对大地电磁 10 Hz 以下的中、低频数据造成很大的影响。另外,这类噪声通常表现为严重的近源干扰,常使获得的视电阻率曲线与水平线的夹角为45°左右,相位曲线与水平线的夹角趋于 0°。一段包含似方波噪声的实测大地电磁时间域波形如图 4-2 所示,其观测位置位于 43∶23.155（N）,116∶11.600（E）。

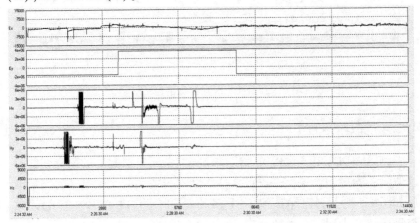

图 4-2　实测大地电磁似方波噪声

4.2.3　似充放电三角波噪声

　　大功率电力牵引机车等设备的作业常常造成似充放电三角波噪声,该噪声对测区的影响强度相当大。一段包含似充放电三角波噪声的实测大地电磁时间域波形如图 4-3 所示,其观测位置位于 43∶23.155（N）,116∶11.600（E）。通常在中频采样率的电道和磁道数据出现该类噪声,其形态具有明显的曲线突跳,因其表现为类似充放电三角波形状,故称其为似充放电三角波噪声。这类噪声的幅值很大,通常达到正常有用信号的几十倍或几个数量级,当这类噪声大量出现在大地电磁数据中时,常常使获得的视电阻率曲线与水平线的夹角呈现45°左右,相位曲线与水平线的夹角趋于0°。

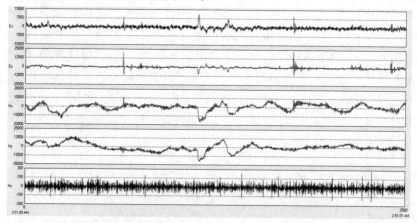

图4-3　实测大地电磁似充放电三角波噪声

4.2.4　似阶跃噪声

测区大功率电气设备突然启动或突然关闭时引起的负荷突变常导致似阶跃噪声的产生。一段包含似阶跃噪声的实测大地电磁时间域波形如图4-4所示,其观测位置位于31:29.838(N),113:47.735(E)。这类噪声通常出现在电道数据中,因其形态类似于阶跃的台阶状,故将其命名为似阶跃噪声。该类噪声的幅值为正常有用信号的若干倍甚至几个数量级,因而往往造成数据出现整体上的偏移或者错位。

4.2.5　似脉冲噪声

当接地用电动力设备负荷发生突变或开关瞬间转换时会产生似脉冲噪声,该噪声是由测点周围介质层中的游散电流导致的,属于大地电磁中比较常见的干扰类型。这类噪声几乎影响观测数据的所有频率,而且它的幅值通常来说是非常大的。一段包含似脉冲噪声的实测大地电磁时间域波形如图4-5所示,其观测位置位于31:29.771(N),113:47.879(E)。该类噪声通常在时间序列上表现为正弦阻尼振荡,在各

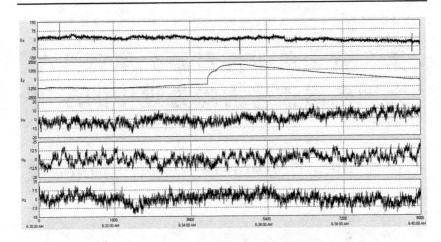

图 4-4　实测大地电磁似阶跃噪声

种频率采样率的电道信号和磁道信号中都有出现,因而被认为比较常见。当该类噪声大量出现时,常会影响整个频段的阻抗估算,使得程度不同的飞点出现在各个频率段的视电阻率曲线上,且会使视电阻率曲线的整体连续性产生下降的状态。

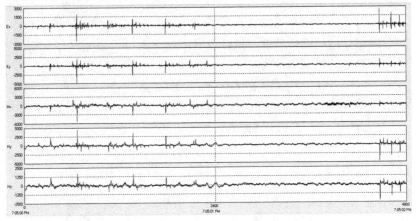

图 4-5　实测大地电磁似脉冲噪声

第5章 单一性盲源分离算法在大地电磁信号去噪处理中的应用

5.1 FastICA 算法和 JADE 算法对大地电磁信号去噪的性能比较

5.1.1 FastICA 算法和 JADE 算法

5.1.1.1 FastICA 算法

Hyvärinen 和 Oja[65] 利用熵的最优化方法提出了一种固定点算法——FastICA 算法,该算法属于独立分量分析(ICA)算法中的一种。该算法的优点是不存在学习因子的选择问题,而且收敛速度快,可以实现信号的单个抽取和批处理。此外,该算法对源信号 Kurtosis 的正负,即对源信号的超高斯或亚高斯性没有限制。

该算法的目标函数为

$$J_G(Y) = [E\{G(Y)\} - E\{G(Y_{\text{Gauss}})\}]^2 \tag{5-1}$$

式中,G 是非二次的非线性函数。

FastICA 的学习规则是找到一个方向使 $Y = W^T X$ 具有最大的非高斯性。在限制条件 $E\{(W^T X)^2\} = \|W\|^2 = 1$ 下,根据拉格朗日条件,$E\{G(W^T X)\}$ 的最优解能够使拉格朗日函数的梯度为0。

$$E\{Xg(W^T X)\} + \beta W = 0 \tag{5-2}$$

式中,β 是常数。在 W 的最优值 W^{opt} 处,可以得到 $\beta = E\{(W^{\text{opt}})^T Xg((W^{\text{opt}})^T X)\}$。下面用牛顿法来解上面这个方程。用 F 表示方程(5-2)左边的函数,那么它的雅可比矩阵 $J\{F(W)\}$ 为

$$J\{F(W)\} = E\{XX^T g'(W^T X)\} - \beta I \tag{5-3}$$

由于 $\boldsymbol{X}$ 是经过白化预处理后的信号,因而可以得到近似表达式:
$E\{\boldsymbol{XX}^{\mathrm{T}}g'(\boldsymbol{W}^{\mathrm{T}}\boldsymbol{X})\} \approx E\{\boldsymbol{XX}^{\mathrm{T}}\}E\{g'(\boldsymbol{W}^{\mathrm{T}}\boldsymbol{X})\} = E\{g'(\boldsymbol{W}^{\mathrm{T}}\boldsymbol{X})\}\boldsymbol{I}$。因而,
雅可比矩阵变成了对角阵,并且能较容易求逆。因而可以得到近似牛
顿迭代公式

$$\begin{cases} \boldsymbol{W}^* = \boldsymbol{W} - [E\{\boldsymbol{X}g(\boldsymbol{W}^{\mathrm{T}}\boldsymbol{X})\} - \beta\boldsymbol{W}]/[E\{\boldsymbol{X}g'(\boldsymbol{W}^{\mathrm{T}}\boldsymbol{X})\} - \beta] \\ \boldsymbol{W} = \boldsymbol{W}^* / \parallel \boldsymbol{W}^* \parallel \end{cases}$$

$$(5\text{-}4)$$

式中,$\boldsymbol{W}^*$ 为 $\boldsymbol{W}$ 的新值,$\beta = E\{\boldsymbol{W}^{\mathrm{T}}\boldsymbol{X}g(\boldsymbol{W}^{\mathrm{T}}\boldsymbol{x})\}$,规格化能提高解的稳定
性。简化后可以进一步得到 FastICA 算法的迭代公式

$$\begin{cases} \boldsymbol{W}^* = E\{\boldsymbol{X}g(\boldsymbol{W}^{\mathrm{T}}\boldsymbol{X})\} - E\{\boldsymbol{X}g'(\boldsymbol{W}^{\mathrm{T}}\boldsymbol{X})\}\boldsymbol{W} \\ \boldsymbol{W} = \boldsymbol{W}^* / \parallel \boldsymbol{W}^* \parallel \end{cases} \quad (5\text{-}5)$$

5.1.1.2　JADE 算法

联合近似对角化(JADE)算法[61,71]是由 Cardoso 于 1993 年提出的
具有代表性的一种盲源分离算法,该算法需要用到变量的四阶累积量。

对于 d 维复随机向量 $v = (v_1,\cdots,v_d)$,其四阶累积量集合 $\boldsymbol{L}_v$ 定义为

$$\boldsymbol{L}_v \triangleq \{\mathrm{Cum}(v_i,v_j,v_k,v_l) \mid 1 \leqslant i,j,k,l \leqslant d\} \quad (5\text{-}6)$$

式中,$Cum(\mathrm{v}_i,\mathrm{v}_j,\mathrm{v}_k,\mathrm{v}_l)$ 是矢量 v 中第 i,j,k,l 四个分量的四阶累积量。

这里在模型中加上通道和环境中的噪声,考虑含有噪声的混合模
型,则有

$$x = As + n \quad (5\text{-}7)$$

式中,n 为噪声。

令 z 为 x 球化后的观测信号矢量 $z = [z_1,z_2,\cdots,z_d]^{\mathrm{T}}$,$\boldsymbol{M}$ 为任意的
$d \times d$ 矩阵,z 的四维累积量矩阵 $\boldsymbol{Q}_z(\boldsymbol{M})$ 定义为

$$\boldsymbol{N} = \boldsymbol{Q}_z(\boldsymbol{M}) \triangleq n_{ij}$$
$$= \sum_{k=1}^{d}\sum_{l=1}^{d}\mathrm{Cum}(z_i,z_j,z_k,z_l)m_{kl} \quad 1 \leqslant i,j \leqslant d \quad (5\text{-}8)$$

式中,$\mathrm{Cum}(z_i,z_j,z_k,z_l)$ 是矢量 z 中第 i,j,k,l 四个分量的四阶累积量;
m_{kl} 是矩阵 M 的第 k,l 元素。

JADE 算法的原理就是将白化后的混合信号的四阶累积量矩阵通
过酉变换,压缩为一个对角矩阵,从而求解酉矩阵 $\boldsymbol{U}$。理论上矩阵 $\boldsymbol{U}$

的确定可通过白化信号的四阶累积量的联合对角化来完成,但在实际操作过程中,这是很难直接得到的。于是,Cardoso 的 JADE 算法为求解酉矩阵 U,将问题转化为使白化信号的 K 个 $n \times n$ 四阶累积矩阵酉化后的非对角元素最小。

5.1.2　两种算法对大地电磁去噪的性能比较

本书对实际大地电磁(MT)测点进行 FastICA 算法和 JADE 算法的去噪实验。原始 MT 信号如图 5-1 所示(这里限于版面,仅显示 2 400 个采样点),其 EMD 分解结果如图 5-2 所示。

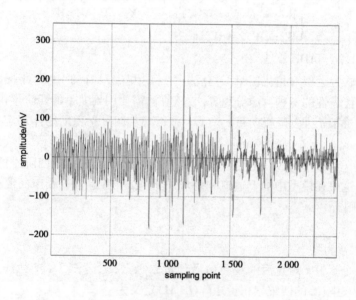

图 5-1　原始 MT 信号

图 5-3 显示的是 FastICA 算法分解后的信号成分,图 5-4 显示的是 JADE 算法分解后的信号成分。图 5-5 是去噪结果对比,其中图 5-5(a)为原始 MT 信号,图 5-5(b)为 FastICA 算法去噪结果,图 5-5(c)为 JADE 算法去噪结果。图 5-6 是这两种算法去噪结果的差值信号。从图 5-6 中可以看出,FastICA 算法的去噪效果要优于 JADE 算法。

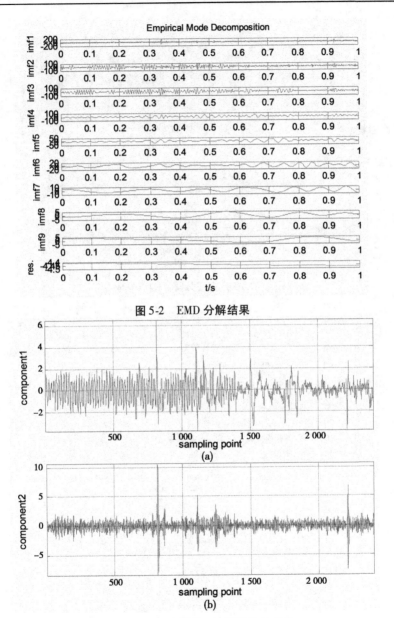

图 5-2　EMD 分解结果

图 5-3　FastICA 算法分解后的信号成分

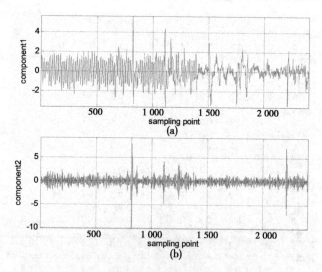

图 5-4　JADE 算法分解后的信号成分

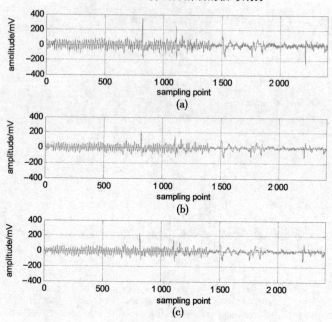

图 5-5　去噪结果对比

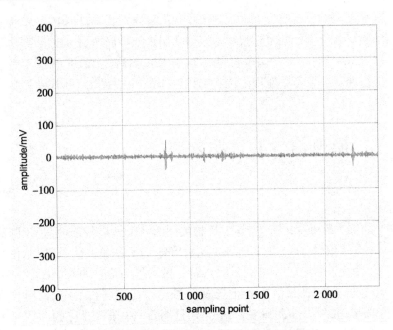

图 5-6　两种去噪方法去噪结果的差值信号

表 5-1 显示了任意截取的三段 MT 信号分别进行 FastICA 算法和
JADE 算法去噪后信号的参数对比情况。从表中可以看出，FastICA 算
法比 JADE 算法具有更好的去噪表现。分析其原因在于，FastICA 算法
基于信号的独立性，对源信号具有统计学上的要求，而 JADE 算法基于信
号的四阶累积量，没有对源信号有统计学上的要求，故去噪性能稍低。

表 5-1　FastICA 算法和 JADE 算法去噪后信号的参数对比

算法	最小值	最大值	均值	方差	能量
FastICA 算法	−126.136 0	197.111 6	$1.056\ 5 \times 10^{-15}$	$1.205\ 5 \times 10^3$	$2.941\ 2 \times 10^6$
JADE 算法	−132.919 4	230.291 5	−2.925 7	$1.216\ 9 \times 10^3$	$2.941\ 2 \times 10^6$
FastICA 算法	−222.314 3	384.751 3	$-4.010\ 9 \times 10^{-16}$	$1.651\ 7 \times 10^3$	$4.036\ 1 \times 10^6$
JADE 算法	−258.283 3	399.654 6	−2.859 5	$1.673\ 5 \times 10^3$	$4.036\ 1 \times 10^6$
FastICA 算法	−218.908 6	86.830 6	$4.276\ 3 \times 10^{-16}$	474.201 7	$1.162\ 1 \times 10^6$
JADE 算法	−237.823 7	106.959 6	−0.714 7	483.690 7	$1.162\ 1 \times 10^6$

综上所述,我们通过对实际 MT 信号分别进行 FastICA 算法和 JADE 算法的去噪处理后得出结论,对 MT 信号而言,FastICA 算法比 JADE 算法具有更好的去噪性能,即 FastICA 算法比 JADE 算法更适合于进行 MT 信号去噪处理。因此,在本书中,一般采用 FastICA 算法进行分析和实验。

5.2　模拟信号的盲源分离

为研究盲源分离算法对信号的处理效果,下面先通过仿真试验进行研究。

如图 5-7 所示,我们选择了三种类型的波来做试验,分别是正弦波信号(原始信号 1)、矩形波信号(原始信号 2)和三角波信号(原始信号 3)(见图 5-7 中第 1 排三幅图像),首先做出每种信号的频谱(见图 5-7 中第 2 排三幅图像)。接着把三种信号进行任意随机的组合,得到混合信号 1、混合信号 2 和混合信号 3(见图 5-7 中第 3 排三幅图像),并做出每种混合信号的频谱(见图 5-7 中第 4 排三幅图像)。然后我们将这三种混合信号通过盲源分离算法分别得到信号 1、信号 2 和信号 3(见图 5-7 中第 5 排三幅图像)。最后做出分离得到的这 3 种信号的频谱(见图 5-7 中第 6 排三幅图像)。

观察图 5-7,我们可以发现混合信号经过盲源分离之后首先是 3 个分离信号的顺序与原始信号发生了变化。再观察对应信号的质量,可以看到分离后所得信号在波形上很大程度地保留了源信号的形状,但是也有微小差别,比如这三种信号在幅度上都发生了一定程度的减小;锯齿波信号相位发生了 180° 的反转。观察频谱,三个分离信号的频谱与原始对应的输入信号频谱基本相同,三个分离信号的频率没有大的变化。由以上分析我们可以知道,盲源分离算法(这里采用 FastICA 算法)可能会在较小程度上改变信号的幅度和相位,但不会改变信号的频率。利用这个特点,我们可以对大地电磁信号进行有效的信噪分离。

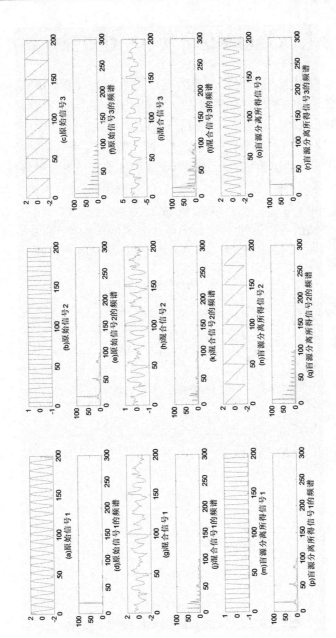

图 5-7　三种信号盲源分离前后对比及其结果的频谱分析

5.3 实际大地电磁信号的单一性盲源分离去噪

因为 FastICA 算法是目前较为有效和快速的盲源分离算法,故本书采用它进行去噪研究。又因为采用 FastICA 算法进行信噪分离时,根据它的适用条件要求采集到的信号的数目要大于或者等于源信号的数目[68],也就是说,必须同时获取至少两组数据,才能将所得数据分离为信号和噪声两组数据,而一般而言,使用的混合信号的组数越多,提供的噪声特征的信息量越丰富。基于此,在本书中我们采用了在同一时间、同一地点采集到的三组大地电磁信号来进行实验和研究,以满足 FastICA 算法的使用条件。图 5-8(a) 为三组 ts3 文件中的电场时间序列波形图(电场时域波形图),我们选取采集信号中的 24 000 个点作为

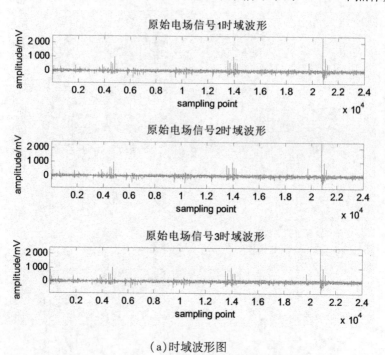

(a)时域波形图

图 5-8 三组原始电场信号时域波形图和频谱图

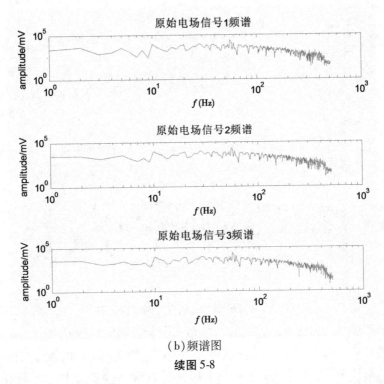

(b)频谱图

续图 5-8

研究对象。仔细观察可以发现，它们比较相似，但也存在细微差别。这三组信号对应的频谱图如图 5-8(b)所示。观察可以发现，各个频率对应的幅度有差别，但差别不是特别显著，无法立即从图中观察得出幅度显著大的频率值。

对这三组原始电场信号进行盲源分离，结果如图 5-9 所示。

比较这三幅图不难发现，成分 1 的能量明显高于成分 2 和成分 3，且它与原始信号极为相似，根据盲源分离理论可以判定成分 1 为有效信号(可能仍然含有部分噪声)，成分 2 和成分 3 为噪声信号(或噪声占主要成分的混合信号)。因此，采用盲源分离算法已经帮助我们进行去噪处理。在电磁勘探中，小波变换去噪方法是目前应用较多的去噪方法，近年来不断有学者将小波变换用于大地电磁(MT)信号的去噪处理中[22,69]。为了和盲源分离去噪方法做对比研究，本书应用四种常

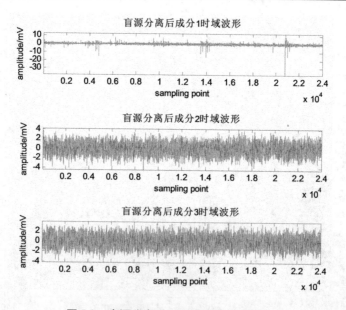

图5-9　盲源分离后三组成分时域波形图

见的小波变换去噪方法对原始电场信号(为节约篇幅只对信号1)进行去噪处理。图5-10是采用这四种方法进行去噪后的电场时域波形图。

对比图5-9中的成分1和图5-10不难发现,对大地电磁信号而言,应用盲源分离去噪比小波去噪效果要好很多。作者分析其中的主要原因正如文献[70]所阐述的,对不同噪声强度的染噪信号而言,小波去噪方法因为采取的基函数不同,所获得的去噪效果性能不太稳定,波动较大,对同一信号,采用不同的小波函数可能获得完全不同的去噪效果,而且随着噪声强度的增大,它的去噪效果会随之逐渐变差;而(盲源分离中的)ICA方法即使对于噪声强度很大的染噪信号,也能取得较好的去噪效果,它无须选择基函数,因而具有较强的稳定性,并且受输入信号的信噪比影响不大,非常适合强背景噪声环境下的信号去噪处理。大地电磁信号所受到的噪声数量多且种类复杂,在这种低信噪比的环境下,盲源分离去噪方法自然比小波去噪方法具有更好的去噪效果。

接着,我们进行频谱分析(见图5-11～图5-13)。从图5-11可以明

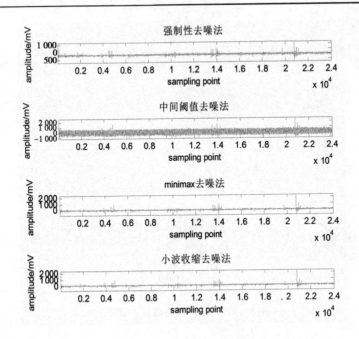

图 5-10　四种去噪方法去噪后的电场时域波形图

显看出,成分 1 在 50 Hz 达到幅值最大,其他频率与它相比在幅值上都有明显的偏小。根据前面所述的盲源分离的特点,由此判断此电磁信号受到人文噪声(工频干扰噪声)影响较严重。而如前所述,从原始电磁信号的频谱图看不出这一特点,此即为盲源分离算法在去噪分析中的一大功效。

图 5-12 和图 5-13 相似,从图中可看出噪声信号频率大体上为 10 Hz 的倍数,且其变化幅度总体上比较平衡,因此可以大略判断此电磁信号干扰很大部分来自于舒曼共振等人工干扰。

另外,从图 5-11 ~ 图 5-13 这 3 幅图均可看出此大地电磁信号在较低频率时幅值明显偏大,而在 450 Hz 后幅度急剧下降,这充分印证了前文所述的"大地电磁法只适合于采集较低频率"的观点。

实际上,通过观察这三点所在的经纬度及采集地点我们可以发现,它们所在的区域的确受到工频干扰和舒曼共振干扰较严重。

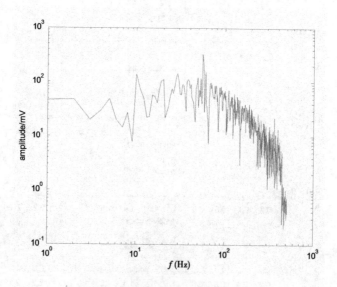

图 5-11　盲源分离后成分 1 频谱图

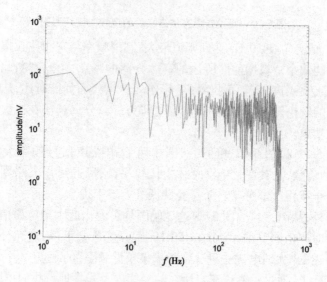

图 5-12　盲源分离后成分 2 频谱图

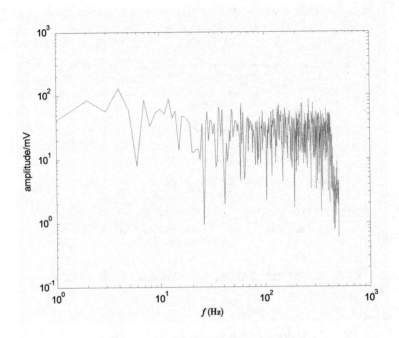

图 5-13　盲源分离后成分 3 频谱图

　　通过进行盲源分离后再进行频谱分析，我们就能够判断出大地电磁信号所受到的干扰及类型，从而为进一步去噪提供指导和依据。例如，我们可以用滤波算法直接去除 50 Hz 的工频干扰，以减少噪声干扰。另外，也可选择在舒曼共振发生较少时去当地进行观测和实验，以减少舒曼共振的干扰。

　　图 5-14 和图 5-15 是经过盲源分离分析噪声特点和类型后，对大地电磁信号（为节约篇幅这里只对信号 1）在频率域用滤波算法去除 50 Hz 的工频干扰的前后对比图。表 5-2 和表 5-3 是该组大地电磁电场信号和磁场信号去噪处理前和处理后的主要参数的比较。

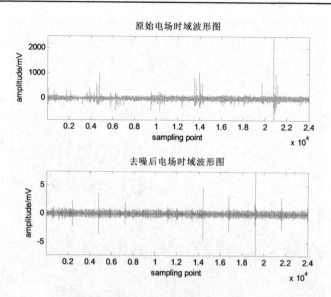

图 5-14　原始大地电磁电场信号和去噪后相应信号的时域波形图

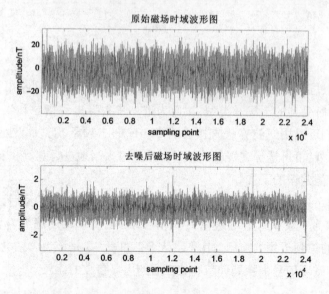

图 5-15　原始大地电磁磁场信号和去噪后相应信号的时域波形图

表 5-2　电场信号去噪前后主要参数比较

电场信号	最大值	最小值	均值	方差	能量
去噪前	2 482	−851	−2.171 7	$4.419\ 9 \times 10^3$	$1.061\ 9 \times 10^8$
去噪后	7.411 4	−7.241 5	$−4.070\ 8 \times 10^{-19}$	0.132 5	$3.179\ 6 \times 10^3$

表 5-3　磁场信号去噪前后主要参数比较

磁场信号	最大值	最小值	均值	方差	能量
去噪前	34	−38	−1.850 2	65.806 7	$1.661\ 5 \times 10^6$
去噪后	3.021 6	−3.098 9	$−1.124\ 1 \times 10^{-18}$	0.199 0	$4.776\ 5 \times 10^3$

从表 5-2 和表 5-3 可以明显看出,经过盲源分离算法分析噪声特点再对大地电磁信号进行去噪处理后,电场信号和磁场信号的质量都有了比较大的改善,工频干扰得到了有效去除,且明显降低了信号的方差和信号的能量,并极大地减少了脉冲干扰的影响,使得信号整体更加平滑,更加有利于后续的数据资料处理和正反演工作。

综前所述,由于盲源分离具有在信号处理方面的极大特点——维持信号频率不变性,因而我们可以利用此特点并结合大地电磁信号的频谱特征,利用盲源分离算法对大地电磁信号进行噪声分析和噪声去除。

实验证明,单一性盲源分离算法不仅可以直接用于大地电磁去噪,使得噪声得到有效的去除,而且可以帮助进行噪声种类的分析和判断,继而使得我们可以结合其他方法更加有效地去除噪声。它的缺点是有一定的要求和限制,比如,为满足观察信号数目多于源信号数目,单一性盲源分离算法常要求采集到的信号为两组及两组以上,且仅限于同一时间同一地点采集,这无疑会增加一定的勘探成本。

第6章　联合性盲源分离算法在大地电磁信号去噪处理中的应用

6.1　基于边际谱的盲源分离在大地电磁信号去噪中的应用

6.1.1　独立分量分析

独立分量分析[71-72]（ICA）是20世纪90年代发展起来的一种新的信号处理技术，它是盲源分离方法中一种被广泛应用的方法。ICA是从多维统计数据中找出隐含因子或分量的方法。从线性变换和线性空间角度，当源信号为相互独立的非高斯信号时，可以将其看作线性空间的基信号，而观测信号则为源信号的线性组合，ICA就是在源信号和线性组合均不可知的情况下，从观测的混合信号中估计出源信号。ICA的算法流程如图6-1所示。在源信号 $s(t)$ 中各分量相互独立的条件下，由观察信号 $x(t)$ 通过解混系统 B 把它们分离开来，使输出 $y(t)$ 逼近 $s(t)$。

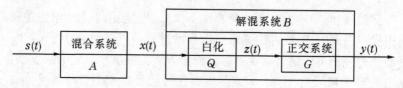

图6-1　ICA的算法流程

ICA实际上是一个优化问题，因为问题没有唯一解，只能在某一衡量独立性的判据取得最优值的意义下寻求其近似解，使 $y(t)$ 中各分量尽可能互相独立[71]。

ICA 以判定源信号的统计独立性为基本原则,因此统计独立性的度量为 ICA 算法的关键。这里介绍几种统计独立性的度量方法[24,73]。

6.1.1.1　非高斯性极大

基于非高斯性极大的 ICA 思想来自于中心极限定理。中心极限定理表明,在一定条件下,独立随机变量的和更接近于高斯分布。因此,如果观测信号是多个独立源信号的线性组合,那么观测信号比源信号更接近高斯分布,或者说源信号的非高斯性比观测信号的非高斯性更强。根据这一思想,我们可以对分离结果的非高斯性进行度量,当其非高斯性达到最大时,可以认为实现最佳分离。

在实际计算中,非高斯性程度通常采用高阶累积量进行度量。例如,四阶累积量即 Kurtosis(峭度)表示为

$$\text{kurt}(X) = E\{X^4\} - 3\,(E\{X^2\})^2 \tag{6-1}$$

式中,$E\{\cdot\}$表示求期望。

对于零均值、单位方差的随机变量,式(6-1)变为

$$\text{kurt}(X) = E\{X^4\} - 3 \tag{6-2}$$

式(6-2)中,当随机变量为高斯分布时,峭度为零,而超高斯分布的峭度为正值,亚高斯分布的峭度为负值,且非高斯性越强,峭度的绝对值越大。在现实世界中,超高斯信号和亚高斯信号都是普遍存在的。

另一种用于表示随机变量非高斯性程度的方法是负熵。

由于在具有相同协方差阵的概率密度函数中高斯分布的熵最大,因此往往把任意概率密度函数和具有相同协方差阵的高斯分布间的 KL 散度作为该概率密度函数非高斯程度的度量,成为负熵,并用符号 $J(x)$ 表示。即若以高斯分布作为参考分布,就可以用信息熵来表示一个分布与高斯分布之间的偏离程度,也即非高斯性。即偏离越大,表明该分布非高斯性越强;偏离越小,表示该分布非高斯性越弱。

负熵 $J(x)$ 定义为

$$J(x) = H_G(x) - H(x) \tag{6-3}$$

式中,$H(x)$ 为 X 的信息熵;$H_G(x)$ 为一个与 $H(x)$ 具有相同协方差阵的高斯分布的信息熵。

6.1.1.2　互信息量最小

设 N 维随机向量 $X(t)$ 的概率密度函数为 $p_X(x)$，它的各分量 $X_i(t)$ 的概率密度函数为 $p_i(x_i)$，其中 $i = 1 \sim N$，$p_X(x)$ 和 $\prod\limits_{i=1}^{N} p_i(x_i)$ 之间的 KL 散度可以作为 $X(t)$ 各分量之间统计独立性的度量，此时 KL 散度称为互信息，并表示为 $I(p_X(x))$，即有

$$I(p_X(x)) = KL\left[p_X(x), \prod_{i=1}^{N} p_{X_i}(x_i)\right] = \int_X p_X(x) \ln\left[\frac{p_X(x)}{\prod\limits_{i=1}^{N} p_{X_i}(x_i)}\right] \mathrm{d}x$$

(6-4)

可以看到，当且仅当 $p_X(x) = \prod\limits_{i=1}^{N} p_{X_i}(x_i)$ 时，互信息为 0，此时 $X(t)$ 的各分量统计独立。

6.1.1.3　非线性不相关

由统计学知识可知，对于统计独立的源信号向量，其联合概率密度等于边缘概率密度的积，且可推出相互独立的随机变量的任意阶联合矩也等于个体矩的积。不失一般性，我们假设有两个相互独立的信号源 X_1、X_2，则有

$$p(X_1, X_2) = p(X_1) \cdot p(X_2) \tag{6-5}$$

$$E(X_1^{k_1} X_2^{k_2}) = E(X_1^{k_1}) \cdot E(X_2^{k_2}) \tag{6-6}$$

式中，$p(\cdot)$ 为概率密度函数；$E\{\cdot\}$ 表示求期望；k_1、k_2 为大于零的整数。

更一般的描述为

$$E(f(X_1)g(X_2)) = E(f(X_1)) \cdot E(g(X_2)) \tag{6-7}$$

式中，f 和 g 是两个非线性函数。

式(6-7)表明，随机变量的非线性不相关性可以作为它们统计独立性的判定方式。所以，如果我们将 ICA 的输出向量取非线性函数，则我们可以通过计算非线性输出的协方差矩阵来度量分离结果的独立性。若输出向量 $Y = (Y_1, Y_2, \cdots, Y_N)^{\mathrm{T}}$ 的各分量是相互独立的，则不仅其协方差矩阵 C_Y 是对角矩阵，它的非线性输出 $Z = (Z_1, Z_2, \cdots, Z_N)^{\mathrm{T}}$ 的协方差矩阵 C_Z 也是对角矩阵。据此，我们可以达到判定统计独立

性的目的。

　　很多 ICA 算法都利用非线性不相关来判定分离结果的统计独立性,但因为它们选择的非线性函数是不同的,所以表现形式不尽相同,但它们的本质是相同的,即都是为了能够充分利用随机变量的高阶统计量性质进行盲源分离。

6.1.2　FastICA 算法

　　FastICA 算法,又称固定点(fixed – point)算法,是 ICA 的一种代表性方法。它采用批处理方式,速度比较快,是一种快速寻优迭代算法。FastICA 算法有多种形式,这里采用的是基于负熵最大的 FastICA 算法。它以负熵最大作为搜寻方向,可以实现顺序提取独立源。此外,还采用了定点迭代的优化算法,使得收敛更加快速、稳健。

　　根据中心极限定理,若一系列随机变量 $x_i(i=1,2,\cdots,N)$(N 为随机变量的个数)的和 $\text{Sum} = \sum_{i=1}^{N} x_i$,只要 x_i 的均值和方差均为有限值,不论其何种分布,Sum 都较 x_i 更接近于高斯分布,即 x_i 较 Sum 的非高斯性更强。因此,可以通过对分离结果的非高斯性度量来表示分离结果间的相互独立性,当非高斯性度量达到最大时即表示我们已完成对各独立分量的分离。

　　MT 时间序列信号可视为随机变量在某个时刻的采样,因此我们可以将时间序列信号设为随机变量。假定这里有 m 个观测信号,第 i 个观测信号 x_i 是由 n 个相互独立的未知源信号 $s_1, s_2, \cdots, s_n$ 混合而成(x_i, s_j 均为随机变量),即

$$x_i = a_{i1}s_1 + a_{i2}s_2 + \cdots + a_{in}s_n \qquad (6\text{-}8a)$$

式中,$a_{i,j}(j=1,2,\cdots,n)$ 为常数系数。

　　用矢量 $\boldsymbol{X}$ 表示观测信号变量 $(x_1, x_2, \cdots, x_m)^\mathrm{T}$,矢量 $\boldsymbol{S}$ 表示源信号变量 $(s_1, s_2, \cdots, s_n)^\mathrm{T}(m \geqslant n)$,$A_{m \times n}$ 表示混合矩阵 $(a_{i,j})$,则式 $(6\text{-}8a)$ 可表示为

$$\boldsymbol{X} = \boldsymbol{AS} \qquad (6\text{-}8b)$$

　　FastICA 的目标就是寻求分离矩阵 $\boldsymbol{W}_{m \times n}$,以使 $y = \boldsymbol{W}^\mathrm{T}\boldsymbol{X} = \boldsymbol{W}^\mathrm{T}\boldsymbol{AS}$ 具

有最大的非高斯性。

设离散随机变量 y 的熵定义为

$$H(y) = -\sum_i P(y = k_i)\log_2 P(y = k_i) \tag{6-9}$$

式中，k_i 指 y 的可能取值；$P(y)$ 指求概率；式中对数一般取 2 为底，单位为比特，也可以取其他对数底，采用其他相应的单位，它们间可用换底公式换算。其负熵定义为

$$N_g(y) = H(y_{Gauss}) - H(y) \tag{6-10}$$

式中，y_{Gauss} 是一与 y 具有相同方差的高斯随机变量。负熵 $N_g(y)$ 可以作为随机变量 y 非高斯性的测度。

由于计算离散随机变量的熵需要知道随机变量的概率分布，而此参数不易获取，因此常采用如下近似公式计算负熵：

$$N_g(y) = \{E[g(y)] - E[g(y_{Gauss})]\}^2 \tag{6-11}$$

式中，$g(y)$ 为一特定非线性函数。

FastICA 算法原理如下：

首先，通过对 $E[g(W^T X)]$ 进行优化获得 y 的负熵的最大近似值。根据 Kuhn – Tucker 条件，在 $E[(W^T X)^2] = \|W\|^2 = 1$ 的约束下，$E[g(W^T X)]$ 的最优值在满足下式的点上获得：

$$E[Xg(W^T X)] + \beta W = 0 \tag{6-12}$$

式中，$\beta = E[W_0^T Xg(W_0^T X)]$；$W_0$ 是 W 的优化。

然后，利用牛顿迭代法求解上述方程。记 $P = E[Xg(W^T X)] + \beta W$，可得 P 的雅可比矩阵为

$$J_P = E[XX^T g'(W^T X)] - \beta I \tag{6-13}$$

式中，$g'(y)$ 表示对 $g(y)$ 求导。

由于数据被白化，有 $E(XX^T) = I$，故

$$E[XX^T g'(W^T X)] \approx E(XX^T) \cdot E[g'(W^T X)]$$
$$= E[g'(W^T X)]I \tag{6-14}$$

因而 J_P 变成了对角阵，容易求逆。如此便得到近似牛顿迭代公式：

$$W^* = W - \{E[Xg(W^T X)] - \beta W\} /$$
$$\{E[g'(W^T X)] - \beta\} \tag{6-15}$$

$$W = W^* / \| W^* \|$$

式中，W^* 是 W 进行一次迭代后的取值；$\beta = E[W^\mathrm{T}Xg(W^\mathrm{T}X)]$。

式(6-15)简化后就得到 FastICA 算法的迭代公式：

$$W^* = E[Xg(W^\mathrm{T}X)] - E[g'(W^\mathrm{T}X)]W \qquad (6\text{-}16)$$

$$W = W^* / \| W^* \|$$

大地电磁测深法观测的是电场和磁场的时间序列，把获得的时间序列看作一个随机变量在特定时候的采样，即将记录的电场或磁场时间序列视为随机变量 $x_1, x_2, \cdots, x_m$，则我们可以利用上面所述的 FastICA 算法进行迭代处理，便可在获得分离矩阵 W 后获得具有最大的非高斯性的随机变量矢量：

$$y = W^\mathrm{T}x = W^\mathrm{T}AS \qquad (6\text{-}17)$$

式中，$x = (x_1, x_2, \cdots, x_m)^\mathrm{T}$。

y 既包含原始信号也包含噪声，但因为可以把大地电磁信号资料中的原始电磁信号和噪声看作是相互独立的信号源，因此可以利用 FastICA 算法进行原始信号与噪声的分离和提取。

6.1.3　边际谱理论

Fourier 变换是将信号分解成若干个正弦信号的加权和，当信号比较规则时，用 Fourier 变换比较理想。但如果信号极不规则，或者信号为频率随时间变化的非平稳信号，用 Fourier 变换就需要大量的正弦信号来拼凑，因而容易带来虚假的正弦信号和假频现象[74]。

为了精确地描述频率随时间的变化，需要一种自适应好且直观的瞬时频率分析方法。1998 年 Norden E Huang 提出了希尔伯特黄变换[75]（hilbert-huang transform，HHT）。在这个理论中，通过经验模态分解（empirical mode decomposition，EMD）将信号自适应地分解为有限个本征模态函数（intrinsic mode function，IMF）和一个表征信号趋势变化的残余信号，并且提出对得到的各个 IMF 运用希尔伯特黄变换进行时频分析。

设源信号 $x(t)$ 经 EMD 分解成 n 个 IMF 和 1 个残余信号的和：

$$x(t) = \sum_{j=1}^{n} c_j(t) + r_n(t) \tag{6-18}$$

将每一个 IMF 分量用 Hilbert 变换进行谱分析,最后得到信号的瞬时频率,可表示为

$$\begin{aligned}
x(t) &= \text{Re}\Big[\sum_{j=1}^{n} a_j(t) e^{i\theta_j(t)} \Big] \\
&= \text{Re}\Big[\sum_{j=1}^{n} a_j(t) e^{i\int \omega_j(t)dt} \Big]
\end{aligned} \tag{6-19}$$

式中,Re 表示取实部;$\theta_j(t)$ 表示对每一个 IMF 进行 Hilbert 变换后形成的解析信号的极坐标形式的幅角;$\omega_j(t)$ 表示每一个 IMF 的瞬时频率。

称式(6-19)右边为 Hilbert 时频谱,记为

$$H(\omega,t) = \text{Re}\Big[\sum_{j=1}^{n} a_j(t) e^{i\int \omega_j(t)dt} \Big] \tag{6-20}$$

则边际谱定义为

$$H(\omega) = \int_{-\infty}^{\infty} H(\omega,t)dt \tag{6-21}$$

这里由 HHT 得到的边际谱不同以往 Fourier 变换等需要完整的振荡波周期来定义局部的频率值,而且求取的能量值不是全局定义的,因此对信号的局部特征反映更准确。尤其是在分析非平稳信号时,这种定义对于频率随时间变化的信号特征来说,能够反映真实的波动特点。

鉴于边际谱的优良特性[76-77],本书考虑将边际谱作为源信号数目的参考指标,具体算法阐述如下:

(1)将 MT 信号进行 EMD 分解,将信号分解成有限个 IMF 和残余信号的和。

(2)分别对每一个 IMF 分量进行 Hilbert 变换,得到信号的边际谱,通过边际谱中谱峰的个数来确定源信号的数目。

(3)设由边际谱确定的源信号数目为 k,则将包含 $k-1$ 个 IMF 分量的 k 个信号进行盲源分离处理,以提取不含噪声的源信号,即得到去噪后的 MT 信号。

6.1.4　基于边际谱的实际大地电磁信号去噪处理

这里以某一实际大地电磁测点为实例进行分析,仅展示其某一电道信号处理的过程和结果,其他道信号处理与之类似。图 6-2 分别为观测信号和经小波阈值法去噪后的信号,可见小波对噪声有一定的消除效果。图 6-3 为对观测信号求取的 FFT 频谱和信号功率谱,从图中可以看出,它们的谱峰均为 2 个。

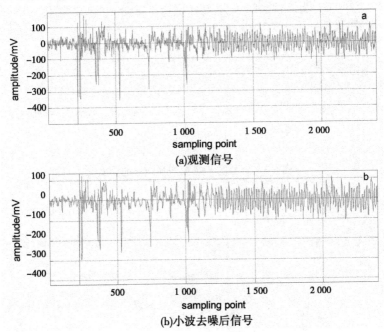

(a)观测信号

(b)小波去噪后信号

图 6-2　观测信号和小波去噪后信号

图 6-4 为求得的边际谱,从图中可以看出有 3 个谱峰。这里为了进行效果对比,分别以 FFT 频谱和功率谱得到的 2 个谱峰和由边际谱得到的 3 个谱峰为依据,分别将得到的组合信号进行盲源分离处理,得到的信号分量分别如图 6-5 和图 6-7 所示,最后获得的去噪后的信号分别如图 6-6 和图 6-8 所示。对比图 6-6 和图 6-8 可以发现(其中(a)

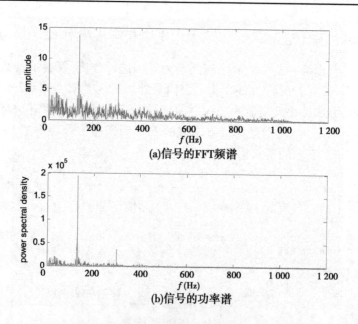

(a)信号的FFT频谱

(b)信号的功率谱

图 6-3　信号的 FFT 频谱和信号的功率谱

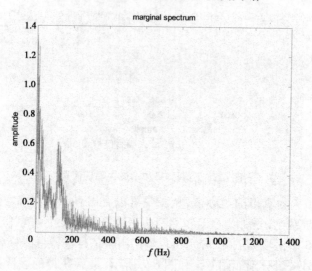

图 6-4　信号的边际谱

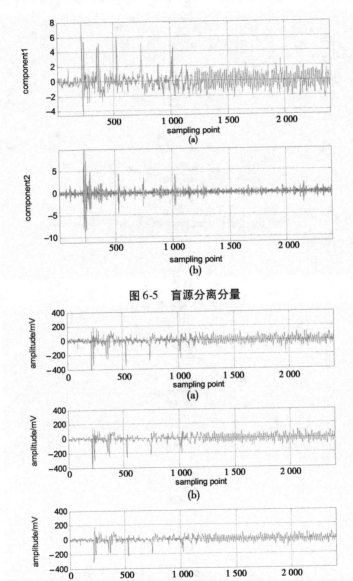

图 6-5　盲源分离分量

图 6-6　提取的去噪信号的对比

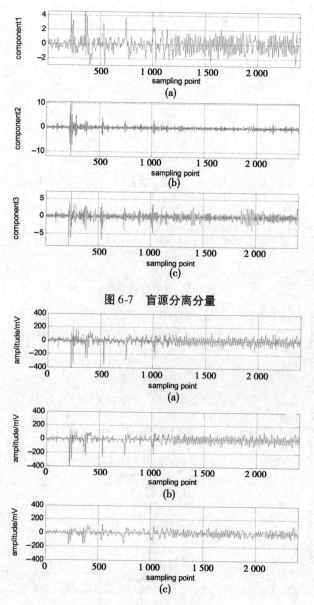

图 6-7　盲源分离分量

图 6-8　提取的去噪信号的对比

为原始观测信号,(b)为小波去噪后的信号,(c)为盲源分离去噪后的
信号),由边际谱确定的谱峰数确定的源信号个数分离出的去噪信号
不仅优于小波法获得的去噪信号,而且优于由频谱和功率谱确定的源
信号个数分离出的去噪信号,它对干扰脉冲噪声进行了有效的抑制。

　　由上述讨论可见,基于边际谱的盲源分离算法在 MT 去噪中具有
一定的效果。它不仅优于小波阈值去噪法,而且优于由频谱和功率谱
确定的源信号个数的盲源分离算法。

6.2　基于 DWT – EEMD 的盲源分离在大地电磁信号工频干扰去噪中的应用

6.2.1　DWT 和 EEMD 的定义

　　在数学上,小波定义为对给定函数局部化的新领域,小波可由一个
定义在有限区域的函数 $\psi(x)$ 来构造,我们通常称 $\psi(x)$ 为母小波(或
基本小波)。一组小波基函数 $\{\psi_{a,b}(x)\}$ 可以通过缩放和平移基本小波
来生成:

$$\psi_{a,b}(x) = \left|\frac{1}{\sqrt{a}}\right|\psi\left(\frac{x-b}{a}\right) \qquad (6\text{-}22)$$

式中,a 为缩放参数;b 为平移参数。

　　信号 $f(x)$ 以 $\psi_{a,b}(x)$ 为基的小波变换定义为

$$W_{a,b}(x) = \langle f, \psi_{a,b} \rangle = \int_{-\infty}^{\infty} f(x)\frac{1}{\sqrt{a}}\psi\left(\frac{x-b}{a}\right)\mathrm{d}x \qquad (6\text{-}23)$$

　　a 和 b 分别做离散化处理后对应的式(6-23)称为对信号 $f(x)$ 的离
散小波变换(DWT)。我们在信号处理中使用的一般都是 DWT。在实
际应用中,比较常用的母小波函数是 db$N$ 小波(daubechies 小波)、
coif$N$ 小波(coiflet 小波)、sym$N$ 小波(symlets 小波),这里 N 为消失矩。
一般来说,消失矩 N 越大则滤波器滤波效果越平滑,但是小波分解中
高频分量的零点也会相应增加,因此也会增加去除的有用信号,降低去
噪效果。所以,消失矩的取值应根据实际需要进行选取[78]。本书结合

大地电磁信号的特点和工频干扰的特性,选择 db3 小波($N = 3$ 时的 dbN 小波)作为 DWT 的小波基函数。

EEMD[79] 方法是建立在 EMD 基础之上的。EMD 是一种高效的自适应信号分解方法,它根据信号自身特征将信号分解为一组固有模态函数(IMF)。当观测信号中某个频段的分量不连续时,就会出现模态混叠现象从而影响 IMF 的正常分解。由于白噪声信号具有在各个频段能量一致的特点以及均值为零的特性,因此 EEMD 通过先在原始信号中混入白噪声后再进行 EMD 的分解方式,以保证每个固有模态函数时域的连续性。它在原始信号中混入足够多次的白噪声后再对全部 EMD 分解得到的各 IMF 分量求总体均值,以消除模态混叠现象。

6.2.2　基于 DWT – EEMD 的盲源分离算法

我们针对观测到的大地电磁信号时间序列一般分解为单个序列,因此一道一道地分析可以避免噪声的相互交叉影响分析结果。受文献[79]的启发,作者提出了基于 DWT – EEMD 方法对每一道时间序列进行单独的分析研究。该方法主要优势在于 DWT – EEMD 模型的采用,该模型不仅避免了模态混叠效应的出现,而且使得盲源分离在单个时间序列的分析中得以实现,弥补了观测信号数量少于源信号数量的劣势。该方法的实现流程如图 6-9 所示。

首先,对观测信号进行 DWT 去噪。因为高频噪声是常见噪声,故将观测信号进行多层小波分解(这里根据文献[78]所述,分解层数定位 3 层)。对最高层的高频系数强制置 0,其他层的高频系数和低频系数均不变,以实现对高频噪声的消除。接着,利用 EEMD 对初步去噪的信号进行分解,得到一系列的 IMF 分量。在此,EMD 的模态混叠效应得到消除。再对得到的 IMF 分量(不包括剩余项)利用主成分分析进行分析处理,利用主成分分析帮助我们选取出能量最大的 3 个 IMF 分量。然后,把提取的 3 个有效 IMF 分量作为输入源信号,应用 FastICA 算法恢复出各独立分量。因为考虑到工频干扰的幅值较大,能量较大,所以在对恢复出的独立分量进行选择的时候应充分考虑其与原始信号的相关程度。另外,由前面讨论可知,源信号的近似估计值是

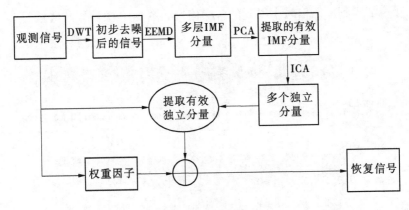

图6-9　算法流程

经过与混合分离矩阵的线性变换得到的,其能量信息在混合矩阵和分离矩阵相乘的过程中被改变了,表现在分离后信号的幅值较源信号幅值会发生改变。所以,对于恢复出的信号,必须对其幅值有一定的约束。因此,为了降低独立分量分析算法对恢复信号的幅值的不确定性,我们考虑引入一个自适应的权重因子来对分离后的信号幅值加以约束。考虑到在分离后幅值的取值范围,这里权重因子 β 的取值为: $\beta = Rt(\max(A_i)/\max(B_i))$,其中 $i = 1,2,\cdots,N$,这里 A_i 为经独立分量分析分离后提取信号的幅值, B_i 为观测信号的幅值, Rt 为取整操作, N 为信号长度。在对大地电磁5道信号进行相同形式的幅值处理后,所得到的误差在进行功率谱及阻抗计算时会相互抵消。

6.2.3　仿真模拟

在实际问题中,当我们无法区分在某区间内取值的随机变量取不同值的可能性有何不同时,就可以假定该随机变量服从这一区间上的均匀分布,因此这里仿真信号中的原始信号通过蒙特卡洛方法构造为如图 6-10 中信号 O 所示(幅值为 20)。因为工频干扰一般为 50 Hz 及其谐波,故构造工频干扰信号(噪声信号)为 $N = A\sin(2\pi \times 50t)$,其中 A 为幅值(这里为便于研究,将 A 依次取为不同的值),如图 6-10 中信号 N 所示(限于篇幅,图中显示的仅是 $A = 80$ 时的情况)。将工频干扰噪声加入到原始信号中得到的含噪信号如图 6-10 中信号 S 所示。

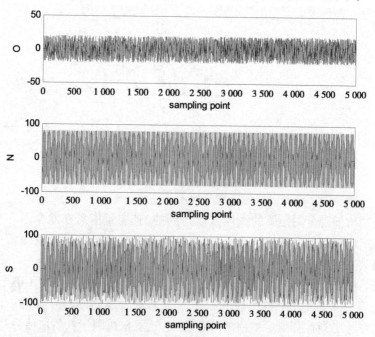

图 6-10　原始信号(O)、噪声信号(N)和含噪信号(S)

　　对含噪信号进行 EEMD 分解的结果如图 6-11(a)所示,对该分解结果进行主成分分析的结果如图 6-11(b)所示。因为工频干扰幅值和能量都较大,因此它被分解到不同阶的 IMF 中,当对这些 IMF 进行主成分分析之后,它会被大量的包含于前几个主要的主成分之中。

　　提取主成分的前 3 个主要分量进行 ICA 处理的结果如图 6-12 所示(C1、C2、C3 分别为得到的独立分量)。从图中可以发现,原始信号已被提取出来(如 C1 所示),C1、C2 为工频干扰对应的分量。但 C1 的幅值与原始信号有差距。再根据观测信号的幅值范围来确定权重因子 β,并将权重因子作用于 C1 得到最后的恢复信号如图 6-13 中信号 O″所示。与原始信号 O 比较可以看出,经本书方法去噪后信号的幅值得到了较好的恢复,且其去噪效果明显好于 DWT 去噪效果(图中信号 O′

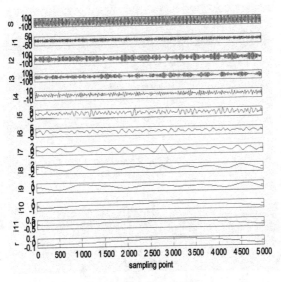

（a）EEMD 分解结果

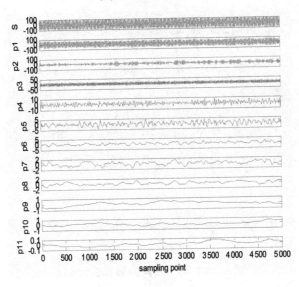

（b）主成分分析结果

图 6-11　EEMD 分解结果和主成分分析结果

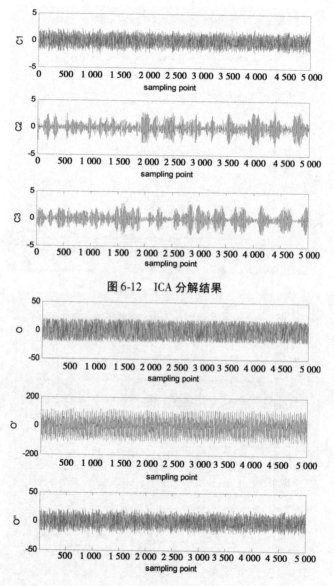

图 6-12　ICA 分解结果

（其中 O 为原始信号，O′为 DWT 去噪后的结果，O″为本书方法去噪后的结果）

图 6-13　去噪结果

为 DWT 去噪后的结果）。

为了衡量提取的恢复信号与原始信号的近似程度,根据系统聚类法的基本思想,这里采用相似系数[80]来对两者的近似程度进行度量。它的定义式是

$$c_{ij} = \frac{\sum_{k=1}^{n} (x_{ki} - \overline{x_i})(x_{kj} - \overline{x_j})}{\{[\sum_{k=1}^{n} (x_{ki} - \overline{x_i})^2][\sum_{k=1}^{n} (x_{kj} - \overline{x_j})^2]\}^{1/2}} \quad (6\text{-}24)$$

式中,$x_{ki}(i = 1, 2, \cdots, n)$,$x_{kj}(j = 1, 2, \cdots, n)$分别为时间序列;$\overline{x_i}$为$x_{ki}$($i = 1, 2, \cdots, n$)的均值;$\overline{x_j}$为$x_{kj}(j = 1, 2, \cdots, n)$的均值;$c_{ij}$为这两个时间序列的相似系数。

表 6-1 为当工频干扰的幅值 A 分别取不同的值时,采用三种方法去噪所得的恢复信号与原始信号的相关系数情况。其中,去噪方法 1 是指强制性小波去噪法,去噪方法 2 是指自适应性小波去噪法。

表 6-1　三种去噪方法的性能比较

幅值 A	去噪方法 1	去噪方法 2	本书方法
60	0.241 4	0.063 4	0.825 4
70	0.232 8	0.058 6	0.822 3
80	0.203 8	0.054 6	0.821 1
90	0.173 3	0.053 2	0.818 7
100	0.140 1	0.051 5	0.816 4
110	0.125 8	0.050 1	0.814 2
120	0.123 3	0.048 2	0.813 9
130	0.122 0	0.045 6	0.813 0
140	0.116 7	0.041 6	0.812 2
150	0.110 2	0.039 8	0.810 7
160	0.106 9	0.032 5	0.809 8
170	0.101 1	0.031 1	0.806 9
180	0.098 8	0.027 1	0.805 1
190	0.090 9	0.025 8	0.804 5
200	0.067 3	0.006 4	0.802 1

　　从表6-1中可以发现,随着工频干扰的幅值的不断增加,三种方法提取的恢复信号与原始信号的相似程度都在降低,但下降速度不快。两种小波去噪法作为信号去噪的常用方法,对低信噪比的信号中的工频干扰噪声的去噪能力似乎差强人意,两种小波去噪法的去噪效果都不甚理想,最后得到的恢复信号与原始信号的相似程度都很低（<25%）。而本书方法对低信噪比的信号中的工频干扰噪声的去噪能力相比较而言是非常好的,不但达到80%以上的相似程度,而且非常稳定,不会随着噪声幅值的增加而显著下滑。所以,本书方法对于去除工频干扰噪声是比较有效的。

6.2.4　基于 DWT – EEMD 的盲源分离算法对实际大地电磁信号的去噪

　　现选取在某地测得的一个大地电磁测点为研究对象,其附近有一个大型工业区及若干电力线,因此此测点受到较大的工频干扰影响。现截取其4段时间序列显示如图6-14所示,它们的时间起点分别是（a）05:25:00AM,（b）10:25:00AM,（c）08:15:00PM,（d）09:45:00PM。从图6-14可以看出,在05:25:00AM及之后2 s内工频干扰对 E_x、E_y、H_y影响很大,使其曲线形态形成了工频干扰的正弦曲线,原始信号几乎被其淹没,特别是对于 E_x,其工频干扰的幅值很大,且几乎不受其他信号影响;在10:25:00AM及之后2 s内工频干扰对 E_x、E_y、H_y仍有影响,但影响明显减小,此时随着各种脉冲干扰的产生,削弱了工频干扰的正弦曲线形态,同时使噪声形态更加复杂;在08:15:00PM及之后的2 s内工频干扰 E_x 和 H_y 有较大影响,对 E_y 的影响明显减弱;在09:45:00PM及之后2 s内工频干扰（及其谐波）对 E_x、E_y、H_x、H_y、H_z 均有极大影响,使我们完全看不到原始信号的存在。分析其原因,可能是由于此时工业用电和居民用电总量达到峰值,使大地电磁原始有效信号完全被电力线等产生的工频干扰埋没而导致。

　　将该测点进行本书提出的去噪方法进行工频干扰去噪处理后所得到的时间序列如图6-15所示。从图6-15可以看出,经过本书方法去噪后,工频干扰噪声得到了很好的消除,图6-15(a)、(b)、(c)中几乎看不

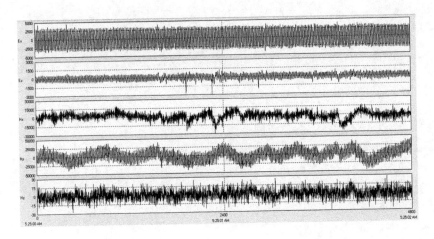

(a)

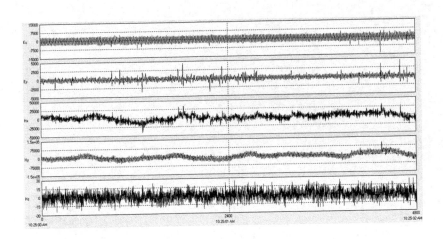

(b)

图 6-14　原始大地电磁时间序列

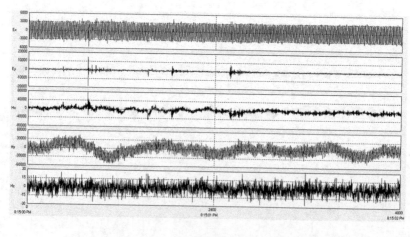

(c)

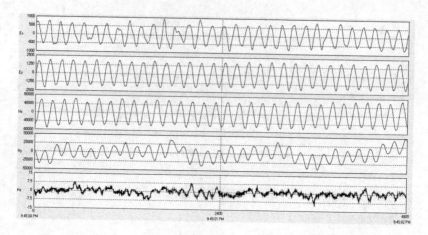

(d)

续图 6-14

出工频干扰正弦曲线波形的存在。图 6-15(d)中因为原始信号遭受的工频干扰具有毁灭性的影响,故去除工频干扰后的结果不甚理想。但这也恰好说明了当工频干扰完全淹没 5 道信号,使 5 道信号都面目全非的时候,我们是很难将其消除的。

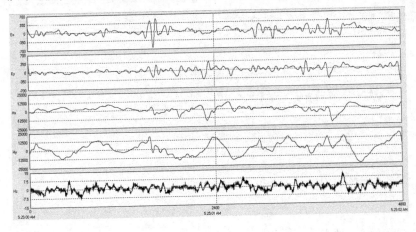

(a)

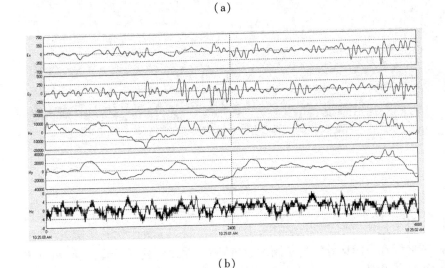

(b)

图 6-15　去噪后的大地电磁时间序列(依次与图 6-14 中时间序列对应)

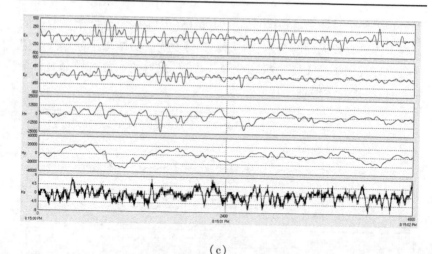

(c)

(d)

续图 6-15

　　将去噪前后的时间序列及其对应的参数文件进行处理得到去噪前后的大地电磁响应曲线如图 6-16 所示。因受工频干扰的影响,视电阻率曲线在 50 Hz 处发生了断裂,且使整个曲线多处不连续,也使相位曲线变得杂乱无章。通过本书方法的去噪处理后,不断消除了断裂带,而且使整个视电阻率曲线变得光滑、连续,也使相位曲线不再杂乱无章。

从图 6-16 中可以看出,本书方法对工频干扰进行了有效的消除,使因
为工频干扰导致的大地电磁响应曲线的断裂及不连续都得到了很好的
修复,使大地电磁响应曲线变得光滑流畅,为之后的反演处理及地质解
释提供了良好的数据基础。

　　综前所述,由于本书提出的基于 DWT – EEMD 的盲源分离算法充
分利用了 DWT、EEMD 以及盲源分离的优良特性,因而它能在消除
EEMD 处理噪声信号时产生的模态混叠效应的同时,克服 ICA 方法对
观测信号数目必须大于或等于源信号数目的限制,并且在工频干扰的
幅值高于原始信号很多的情况下依然能较好地分离出原始信号,即它对
处理低信噪比的大地电磁信号中的工频干扰噪声也能取得较好的效果。

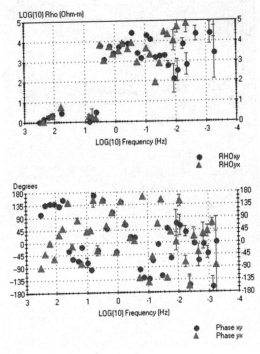

(a)去噪前

图 6-16　去噪前后的大地电磁响应曲线

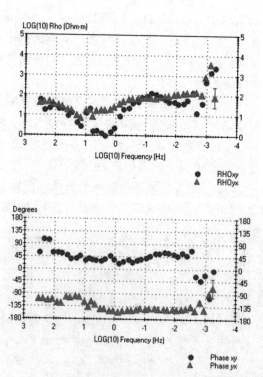

（b）去噪后

续图 6-16

参 考 文 献

[1] 陈乐寿,王光愕.大地电磁测深法[M].北京:地质出版社,1990.

[2] 何继善,汤井田.可控源音频大地电磁法及其应用[M].长沙:中南大学出版社,1990.

[3] 刘国栋,邓前辉.电磁方法研究与勘探[M].北京:地震出版社,1993.

[4] 魏文博.我国大地电磁测深新进展及瞻望[J].地球物理学进展,2002,17(2):245-254.

[5] Kavfman A A,Keller G V. The magnetotelluric sounding method[M]. Amsterdam: Elsevier Scientific Publication Company,1981.

[6] 金胜,张乐天,魏文博,等.中国大陆深探测的大地电磁测深研究[J].地质学报,2010,84(6):808-817.

[7] 孙洁,晋光文,白登海,等.大地电磁测深资料的噪声干扰[J].物探与化探,2000,24(2):119-127.

[8] 严良俊,胡文宝,陈清礼,等.远参考 MT 方法及其在南方强干扰地区的应用[J].石油天然气学报,1998(4):34-38.

[9] 胡家华,陈清礼,严良俊,等.MT 资料的噪声源分析及减小观测噪声的措施[J].石油天然气学报,1999,21(4):69-71.

[10] 陈清礼,胡文宝,苏朱刘,等.长距离远参考大地电磁测深试验研究[J].石油地球物理勘探,2002,37(2):145-148.

[11] 苏朱刘,胡文宝,张翔.电磁资料中的物理去噪法[J].工程地球物理学报,2004,1(2):110-115.

[12] 汤井田,李晋,肖晓,等.数学形态滤波与大地电磁噪声压制[J].地球物理学报,2012,55(5):1784-1793.

[13] 王书明,王家映.大地电磁信号统计特征分析[J].地震学报,2004,26(6):669-674.

[14] 王书明,王家映.关于大地电磁信号非最小相位性的讨论[J].地球物理学进展,2004,19(2):216-221.

［15］陈知富,邓居智,陈辉,等.基于小波变换的大地电磁信号去噪研究［J］.工程地球物理学报,2012,9(6):732-737.

［16］何兰芳,王绪本.应用小波分析提高 MT 资料信噪比［J］.成都理工大学学报:自然科学版,1999,26(3):299-302.

［17］Trad D O,Travassos J M. Wavelet filtering of magnetotelluric data［J］. Geophysics,2000,65(2):482-491.

［18］胡玉平,鲍光淑,敬荣中.一种改善 MT 低频数据质量的方法及其应用［J］.地质与勘探,2002,38(3):46-48.

［19］严家斌,刘贵忠,柳建新.小波变换在天然电磁场信号时间序列处理中的应用［J］.地质与勘探,2008,44(3):75-78.

［20］范翠松,李桐林,王大勇.小波变换对 MT 数据中方波噪声的处理［J］.吉林大学学报(地),2008,(s1):61-63.

［21］蔡剑华,李晋.基于频率域小波去噪的大地电磁信号工频干扰处理［J］.地质与勘探,2015,51(2):353-359.

［22］蔡剑华,肖晓.基于小波自适应阈值去噪的 MT 信号处理方法［J］.地球物理学进展,2015,30(6):2433-2439.

［23］曹小玲,严良俊,陈清礼.改进阈值的 TI 小波去噪法在 MT 去噪中的应用［J］.物探与化探,2018,42(3):175-182.

［24］余先川,胡丹.盲源分离理论与应用［M］.北京:科学出版社,2011.

［25］曹小玲,严良俊,陈清礼,等.盲源分离算法在大地电磁信号去噪中的应用［J］.物探化探计算技术,2017,39(4):456-464.

［26］Comon P. Independent component analysis,a new concept? ［M］. Elsevier North-Holland,Inc,1994.

［27］Lee T W. Independent Component Analysis［M］. Kluwer Academic Publishers,1998.

［28］孔薇,杨杰,周越.基于独立成分分析的强背景噪声去噪方法［J］.上海交通大学学报,2004,38(12):1957-1961.

［29］吕文彪,尹成,张白林,等.利用独立分量分析法去除地震噪声［J］.石油地球物理勘探,2007,42(2):132-136.

［30］程娇.基于小波变换和独立分量分析的去噪方法研究［D］.上海:复旦大学,2010.

[31] 王顾希,郭思,郭科,等.基于小波域的 FastICA 算法的非常规油气藏地震资料去噪[J].地质通报,2015,34(7):1391-1399.

[32] 刘祥平,王建明.改进 ICA 去噪方法在瞬变电磁信号处理中的应用[J].北京师范大学学报:自然科学版,2011,47(1):35-39.

[33] 张念.盲源分离理论及其在重磁数据处理中的应用研究[D].武汉:中国地质大学(武汉),2013.

[34] 万云霞.强干扰环境下电磁探测技术研究[D].吉林:吉林大学,2013.

[35] 刘家富.基于小波变换和独立成分分析的瞬变电磁资料去噪研究[D].成都:成都理工大学,2015.

[36] 贺剑波,李振春,方伍宝,等.主分量分析(PCA)方法在地震中的应用[C]//中国地球物理 2013——第二十二分会场论文集,2013.

[37] 左博新,胡祥云.基于盲信源分离的地球物理弱异常提取[J].石油地球物理勘探,2014,49(2):375-381.

[38] 王川川,贾锐,曾勇虎,等.基于盲源分离算法的混叠电磁信号分离研究[J].电光与控制,2018,25(2):16-19,27.

[39] 盛骤,谢式千.概率论与数理统计及其应用[M].北京:高等教育出版社,2004.

[40] 李雅谱诺夫.中心极限定理的内涵和应用.百度文库.

[41] 邱天爽,张旭秀,李小兵.统计信号处理:非高斯信号处理及其应用[M].北京:中国水利水电出版社,2004.

[42] 张贤达.时间序列分析——高阶统计量方法[M].北京:清华大学出版社,1996.

[43] 王书明.地球物理学中的高阶统计量方法[M].北京:科学出版社,2006.

[44] Jutten C,Herault J. Blind separation of sources,part 1:an adaptive algorithm based on neuromimetic[J]. Signal Processing,1991,24(1):1-10.

[45] Jutten C,Herault J. Space or time adaptive signal processing by neural network models[C]//Intern. Conf. on Neural Networks for Computing,Snowbird(Utah,USA),1986,206-211.

[46] Bell A J,Sejnowski T J. An information-maximization approach to blind separation and blind deconvolution[C]//Neural Computation,1995,7(6):1129-1159.

[47] Comon P. Independent component analysis:a new concept?[J]. Signal

Processing, 1994, 36(3): 287-314.

[48] Gaeta M, Lacoume J L. Sources separation without a priori knowledge: the maximum likelihood solution [C] // Signal Processing V: Theories and Application. 1990, 621-624.

[49] Barak A Pearlmutter, Lucas C Parra. Maximum likelihood blind source separation: a context-sensitive generalization of ICA [J]. Advances in Neural Information Processing Systems. MIT Press, 1997, 9: 613-619.

[50] 李朝锋, 曾生根, 许磊. 遥感图像智能处理[M]. 北京: 电子工业出版社, 2007.

[51] 高隽. 人工神经网络原理及仿真实例[M]. 北京: 机械工业出版社, 2003.

[52] Oja E. The nonlinear PCA learning rule and signal separation- mathematic analysis [J]. Neurocomputing, 1997, 17: 25-45.

[53] Berdichevsky M N. Basic principles of interpretation of magneto- telluric sounding curves[M] // Geoelectric and Geothermal Studies. 1976: 163-221.

[54] 石应骏. 大地电磁测深法教程[M]. 北京: 地震出版社, 1985.

[55] 严家斌. 大地电磁信号处理理论及方法研究[D]. 长沙: 中南大学, 2003.

[56] Vozoff K. The Magnetotelluric Method[M] // Electromagnetic Methods in Applied Geophysics. 1991: 991.

[57] Dana A. The magnetotelluric method[M]. Cambridge University Press, 2012.

[58] 柳建新. 大地电磁测深法勘探: 资料处理、反演与解释[M]. 北京: 科学出版社, 2012.

[59] 代小威. 基于 V5-2000 格式 MT 时间序列处理与功率谱估计及软件开发[D]. 荆州: 长江大学, 2015.

[60] 李晋, 汤井田. 大地电磁信号和强干扰的数学形态学分析与应用[M]. 长沙: 中南大学出版社, 2015.

[61] Cardoso J F. The three easy routes to independent component analysis: contrasts and geometry [J]. Proceeding of International Symposium on Independent Component Analysis and Blind Signa I Separation(ICA2001), 2001: 1-6.

[62] Choi S, Cichocki A. Blind separation of nonstationary sources in noisy mixtures [J]. Electronics Letters, 2000, 36(9): 848-849.

[63] Choi S, Cichocki A, Belouchrani A. Blind separation of second-order nonstationary

and temporally colored sources [J]. Proceedings of the 11th IEEE Signal Processing Workshop,2001: 444-447.

[64] Comon P. Independent component analysis,a new concept[J]. Signal Processing. 1994,36(4):287-314.

[65] Hyvärinen A, Oja E. A fast fixed-point algorithm for independent component analysis[J]. Neural Computation,1997,9(7):1483-1492.

[66] Hyvarinen A. Fast and robust fixed-point algorithms for independent component analysis[J]. IEEE Transactions on Neural Networks,1999,10(3):626-633.

[67] Hyvarinen A, Oja E. Independent component analysis: algorithms and Applications [J]. Neural Networks,2000,13(4):411-430.

[68] Cardoso J F. Blind signal Separation:Statistical principles[J]. Proc,IEEE,1998, 86(10):2009-2025.

[69] Trad D O, Travassos J M. Wavelet filtering of magnetotelluric data [J]. Geophysics,2000,65(2):482-491.

[70] 程娇. 基于小波变换和独立分量分析的去噪方法研究[D].上海:复旦大学, 2010.

[71] 杨福生. 独立分量分析的原理与应用[M].北京:清华大学出版社,2006.

[72] 海韦里恩. 独立成分分析[M].北京:电子工业出版社,2007.

[73] 独立分量分析原理. 百度文库.

[74] 安怀志. 希尔伯特黄变换理论和应用的研究[D].哈尔滨:哈尔滨工程大学, 2008.

[75] Huang N E,Shen Z,Long S R,et al. The empirical mode decomposition and the Hilbert spectrum for nonlinear and non-stationary time series analysis [J]. Proceedings A,1998,454(1971):903- 995.

[76] 钟佑明,秦树人,汤宝平. 希尔伯特—黄变换中边际谱的研究[J]. 系统工程 与电子技术,2004,26(9):1323-1326.

[77] 杨海兰,刘以安. 单通道通信信号盲分离算法[J].计算机仿真,2015,32(9): 205-208.

[78] 凌振宝,王沛元,万云霞,等.强人文干扰环境的电磁数据小波去噪方法研究 [J].地球物理学报,2016,59(9):3436-3447.

[79] 毕凤荣,陆地,邵康,等.基于 EEMD-ICA-CWT 的装载机室内噪声盲源分离

　　　　和识别[J].天津大学学报,2015,48(9):804-810.

[80] 陈小虎,毋文峰,姚春江.机械信号的盲处理方法及应用[M].北京:国防工业出版社,2013.

[81] 陈艳,何英,朱小会.基于小波变换的独立分量分析及其在图像分离中的应用[J].现代电子技术,2007,30(24):131-134.

[82] 于刚,周以齐.单通道盲源分离算法及其在工程机械振源分析中的应用[J].机械工程学报,2016,52(10):1-8.

[83] 梁生贤,张胜业,黄理善,等.大地电磁勘探中的电力线工频干扰[J].物探与化探,2012,36(5):813-816.

[84] 徐志敏,汤井田,强建科.矿集区大地电磁强干扰类型分析[J].物探与化探,2012,36(2):214-219.

[85] 汤井田,李晋,肖晓,等.数学形态滤波与大地电磁噪声压制[J].地球物理学报,2012,55(5):1784-1793.

[86] 蔡剑华,李晋.基于频率域小波去噪的大地电磁信号工频干扰处理[J].地质与勘探,2015,51(2):353-359.

[87] Huang Norden E, Shen Zheng, Long Steven R, et al. The empirical mode decomposition and the Hilbert spectrum for non-linear and non-stationary time series analysis [J]. Proc. R. Soc. Lond. A,1998,454:903-995.

[88] 孙晖.经验模态分解理论与应用研究[D].杭州:浙江大学,2005.

[89] Wu Zhaohua, Huang Norden E. Ensemble empirical mode decomposition: a noise-assisteddata analysis method [J]. Advances in Adaptive Data Analysis,2009,1(1):1-41.

[90] Huang N E,Shen S S P. Hilbert-Huang transform and its applications [M]. World Scientific,2005.